GAODENG ZHIYE JIAOYU GONGCHENG ZAOJIA ZHUANYE XILIE JIAOCAI

重大版·建筑

高等职业教育

工程造价专业系列教材

JIANZHU SHITU YU FANGWU GOUZAO XITIJI

建筑识图与房屋构造习题集

■ 主编 王晓峰

重庆大学出版社

内容提要

本习题集与许光主编的《建筑识图与房屋构造》教材配套使用，其主要内容有：制图的基本知识，剖面图和断面图、轴测图；砖混结构建筑施工图、结构施工图；框架结构建筑施工图、结构施工图。其中，框架结构施工图的习题与教材配套，主要是对钢筋混凝土结构施工图平面整体表示方法的读图训练。

本习题集可作为高等职业教育工程造价专业《建筑识图与房屋构造》的配套训练使用，也可作为相关专业的训练题使用。

图书在版编目(CIP)数据

建筑识图与房屋构造习题集/王晓峰主编.—重庆：重庆大学出版社，2008.5(2015.8 重印)
(高等职业教育工程造价专业系列教材)
ISBN 978-7-5624-4354-4

Ⅰ.建… Ⅱ.王… Ⅲ.①建筑制图—识图法—高等学校：技术学校—习题②建筑构造—高等学校：技术学校—习题 Ⅳ.TU2-44

中国版本图书馆 CIP 数据核字(2007)第 205120 号

高等职业教育工程造价专业系列教材
建筑识图与房屋构造习题集
主编 王晓峰
责任编辑：刘颖果 王海琼 版式设计：刘颖果
责任校对：任卓惠 责任印制：赵 晟
*
重庆大学出版社出版发行
出版人：邓晓益
社址：重庆市沙坪坝区大学城西路 21 号
邮编：401331
电话：(023) 88617190 88617185(中小学)
传真：(023) 88617186 88617166
网址：http://www.cqup.com.cn
邮箱：fxk@ cqup.com.cn (营销中心)
全国新华书店经销
万州日报印刷厂印刷
*
开本：787×1092 1/16 印张：6.5 字数：162 千
2008 年 5 月第 1 版 2015 年 8 月第 5 次印刷
印数：10 001—13 000
ISBN 978-7-5624-4354-4 定价：10.00 元

编委会

特别鸣谢（排名不分先后）

天津理工大学经济管理学院
重庆市建设工程造价管理总站
重庆大学
重庆交通大学应用技术学院
重庆工程职业技术学院
平顶山工学院
徐州建筑职业技术学院
番禺职业技术学院
青海建筑职业技术学院
浙江万里学院
济南工程职业技术学院
湖北水利水电职业技术学院
洛阳大学
邢台职业技术学院
鲁东大学
成都大学
四川交通职业技术学院
湖南交通职业技术学院
青海交通职业技术学院
河北交通职业技术学院
江西交通职业技术学院
新疆交通职业技术学院
甘肃交通职业技术学院
山西交通职业技术学院
云南交通职业技术学院
重庆市建筑材料协会
重庆市交通大学管理学院
重庆市建设工程造价管理协会
重庆泰莱建设工程造价咨询有限公司
重庆江津市建设委员会

序

《高等职业教育工程造价专业系列教材》共计 12 种，由重庆大学出版社于 1992 年正式出版发行，又于 2002 年进行了第 2 版的修订再版。2005 年又在此基础上进行再次修订和扩充。该系列教材自问世以来，受到全国各有关院校师生及工程技术人员的欢迎，产生了一定的社会反响。编委会就广大读者对该系列教材出版的支持、认可与厚爱，在此表示衷心的感谢。

随着我国社会经济的蓬勃发展，建筑业管理体制改革的不断深化，工程技术和管理模式的更新与进步，以及近年来我国工程造价计价模式和高等职业教育人才培养模式都有了较大的变化，这些变化必然对该专业系列教材的体系构成和教学内容提出更高的要求。为适应我国“高等职业教育工程造价专业”人才培养的需要，并以系列教材建设促进其专业发展，重庆大学出版社通过全面的信息跟踪和调查研究，在广泛征求有关院校师生和同行专家意见的基础上，决定重新改版、扩充《高等职业教育工程造价专业系列教材》。

本系列教材的编写是根据国家教育部制定颁发的《高职高专教育专业人才培养目标及规格》和《工程造价专业教育标准和培养方案》，以社会对工程造价专业人员的知识、能力及素质需求为目标，以国家注册造价工程师考试的内容为依据，以最新颁布的国家和行业规范、标准、法规为标准而编写的。本系列教材针对高等职业教育的特点，基础理论的讲授以应用为目的，以必需、够用为度，突出技术应用能力的培养，反映国内外工程造价专业发展的最新动态，体现我国当前工程造价管理体制改革的精神和主要内容，完全能够满足培养德、智、体全面发展的，掌握本专业基础理论、基本知识和基本技能，获得造价工程师初步训练，具有良好综合素质和独立工作能力，会编制一般土建、安装、装饰、工程造价，初步具有进行工程造价管理和过程控制能力的高等技术应用型人才。

由于现代教育技术在教学中的应用和教学模式的不断变革，教材作为学生学习功能的唯一性正在淡化，而学习资料的多元性也正在加强。因此，为适应高等职业教育“弹性教学”的需要，满足各院校根据建筑企业需求，灵活调整及设置专业培养方向。我们采用了专业“共用课程模块＋专业课程模块”的教材体系设置，给各院校提供了发挥个性和设置专业方向的空间。

本系列教材的体系结构如下：

共用课程模块	建筑安装模块	道路桥梁模块
建设工程法律法规	建筑工程材料	公路工程材料
工程造价信息管理	建筑结构基础	公路工程经济
工程成本和控制	建设工程监理	道路工程概论
工程测量	建筑工程技术经济	公路工程监理概论
工程造价专业英语	建设工程项目管理	公路工程施工组织设计
	建筑识图与房屋构造	道路工程制图与识图
	建筑识图与房屋构造习题集	道路工程制图与识图习题集
	装饰构造与施工工艺	公路工程施工与计量
	电气工程识图与施工工艺	桥隧施工工艺与计量
	管道工程识图与施工工艺	公路工程造价编制与案例
	建筑工程施工工艺	公路工程招投标与合同管理
	建筑工程造价	公路工程施工放样
	安装工程造价	公路工程造价管理
	安装工程造价编制指导	
	装饰工程造价	
	建设工程造价管理	
	建设工程招投标与合同管理	
	建筑工程造价实训	

注：①本系列教材赠送电子教案。

②希望各院校和企业教师、专家参与本系列教材的建设，并请毛遂自荐担任后续教材的主编或参编，联系 E-mail：lich@cqup.com.cn。

这次该系列教材的重新编写出版，不仅每门课程的内容都做了较大增加和删改，还新增了 9 门课程。从而，拓宽了该专业的适应面和培养方向，给各有关院校的专业设置提供了更多的空间。这说明，该系列教材是完全适应工程造价相关专业教学需要的一套好教材，并在此推荐给有关院校和广大读者。

编委会

2005 年 10 月

前言

本习题集是根据建筑识图与房屋构造教学大纲编写的，与重庆大学出版社出版，许光主编的《建筑识图与房屋构造》教材配套使用。习题集的编排顺序与第一篇建筑识图的体系完全一致，各章均有一定数量的习题和练习，考虑到高职院校的专业特色，适当加重了建筑识图的练习，相对减弱了几何制图的练习。各院校的学时安排不同，可根据具体情况和教学需要选用。

建筑识图与房屋构造是一门实践性较强的课程，习题和作业是实践环节的重要内容，其目的是帮助学生复习、巩固基础理论和基本知识，训练基本技能，并与教材相配合，由浅入深地学会运用基础理论、基本知识处理实际问题，逐步提高绘图和读图能力。

本习题集的内容有：制图的基本知识、剖面图和断面图、轴测图；砖混结构建筑施工图、结构施工图以及框架结构建筑施工图与结构施工图的读图，其中框架结构施工图的习题与教材配套，为现在较新的钢筋混凝土结构施工图平面整体表示方法的施工图的读图训练。

在编写过程中，结合高职高专教学特色，减少了晦涩难懂的画法几何的习题训练，加强了适合建筑及相关专业学生学习的制图与识图的训练，强化了施工图的识读训练。其特点是紧密结合工程实际，读画结合。

本习题集由邢台职业技术学院王晓峰主编，负责本习题集的编写，统稿和定稿工作。

由于编者水平有限，错误和不妥之处难免，敬请读者批评指正。

编　者

2007 年 12 月

目录

练习 1　字体练习

画 成 图 材 料 基 悬 比 力 型 钢 尺 引 外

0 1 2 3 4 5 6 7 8 9

A B C D E F G R ϕ

件 混 仿 础 必 结 轴 核 剪 校 期 隧 放 禁

0 1 2 3 4 5 6 7 8 9

A B C D E F G R ϕ

班　级		姓　名		学　号		日　期		评　阅	

断 窗 全 砂 焊 砌 室 筑 地 部 测 度 前 超

0 1 2 3 4 5 6 7 8 9

A B C D E F G R ϕ

班 级		姓 名		学 号		日 期		评 阅	

a b c d e f g h i j k l m n o p q r s t u v w x y z

1 2 3 4 5 6 7 8 9 0 ϕ R

1 2 3 4 5 6 7 8 9 0 ϕ R

机械制图名称审核日期比例姓班级学校序号技术要求材料规格数量

班 级		姓 名		学 号		日 期		评 阅	

内 外 半 径 倒 角 螺 栓 柱 母 圆 热 处 理 垫 圈 球 为 其 余

1 2 3 4 5 6 7 8 9 0 φ R 1 2 3 4 5 6 7 8 9 0 φ R

A B C D E F G H I J K L M N O P Q R S T U V W X Y Z

班 级		姓 名		学 号		日 期		评 阅	

练习 2　基本规格练习

(1)

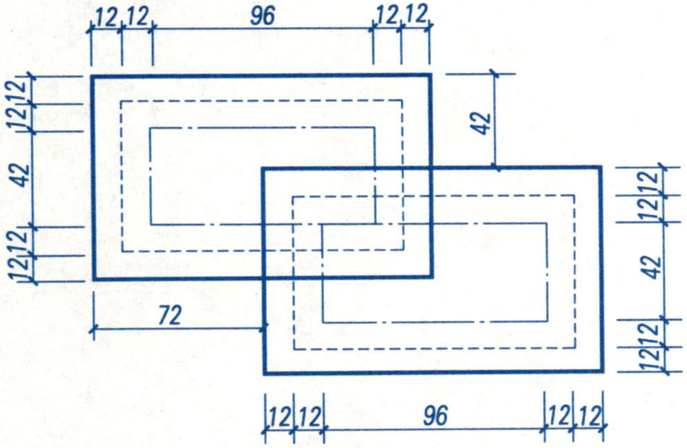

图案 1 : 2

(2)

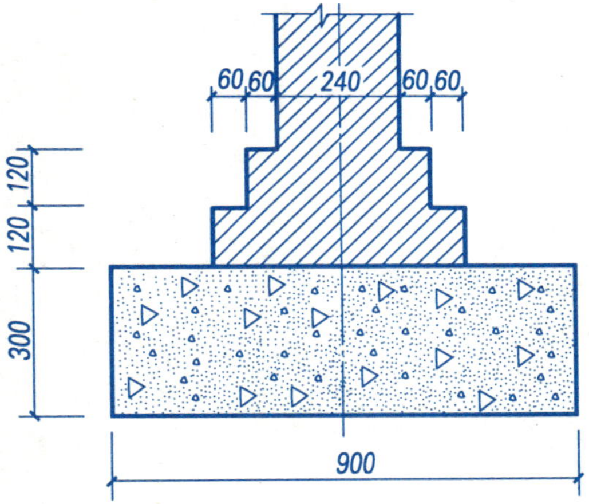

基础 1 : 10

班　级		姓　名		学 号		日 期		评 阅	

练习 3　线型练习

在右边空白处,练习线型。

班　级		姓　名		学 号		日 期		评 阅	

练习4　投影知识练习

（1）根据立体图找出与之对应的三视图。

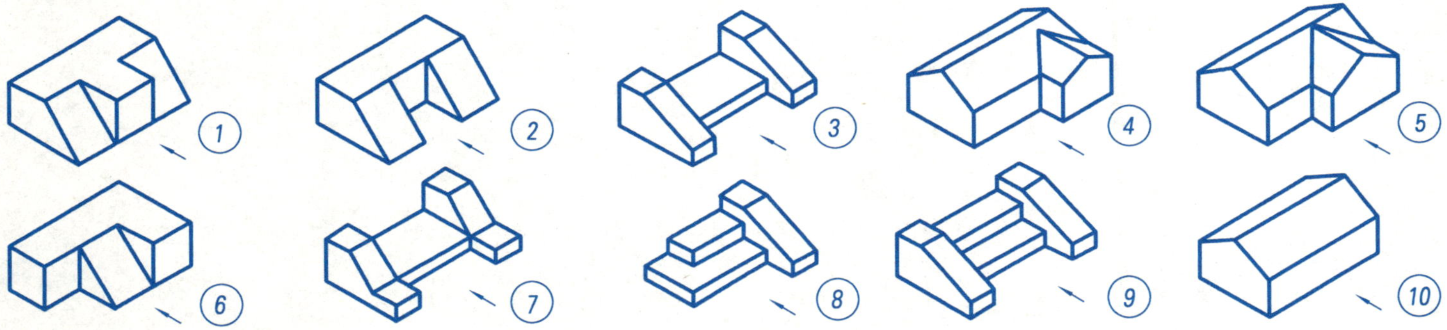

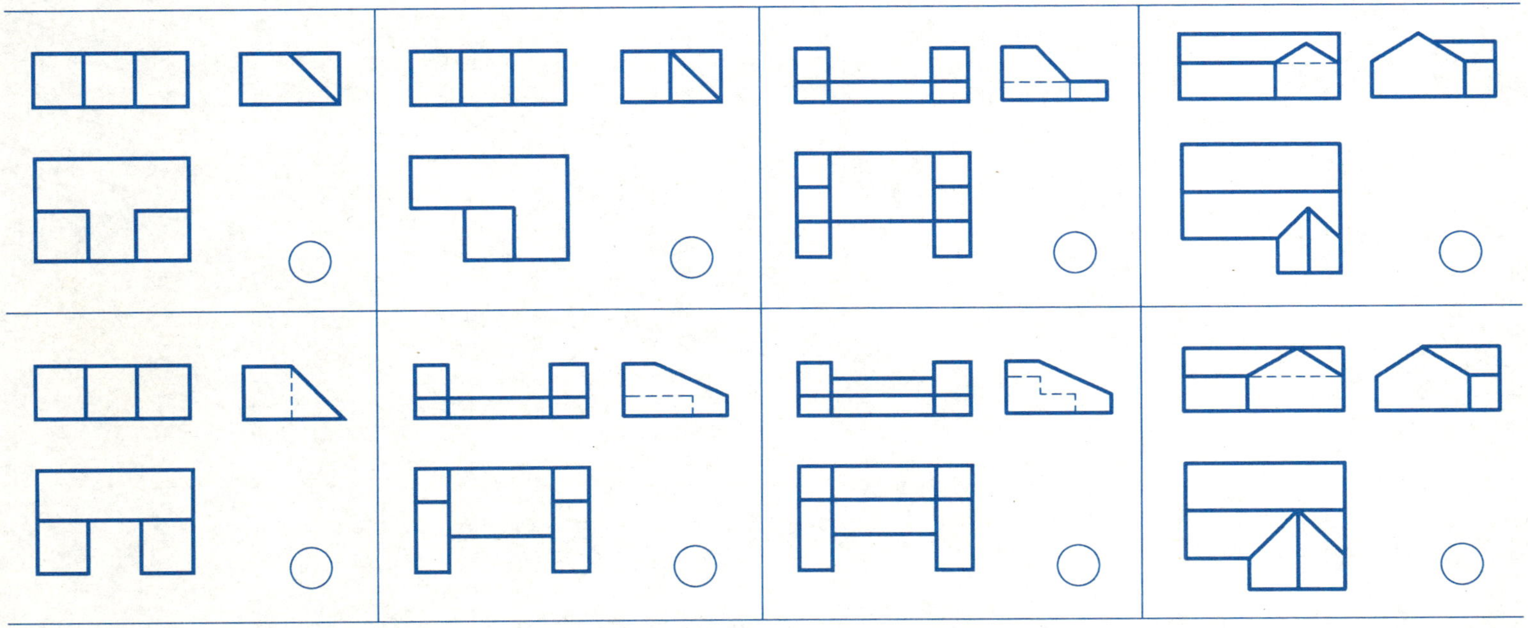

班　级		姓　名		学 号		日 期		评 阅	

(2)根据立体图找出与之对应的三视图。

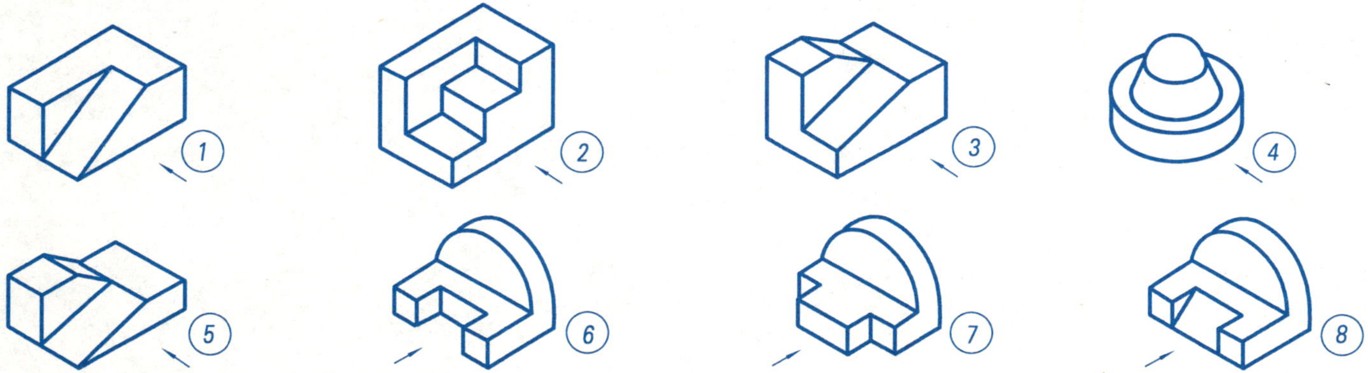

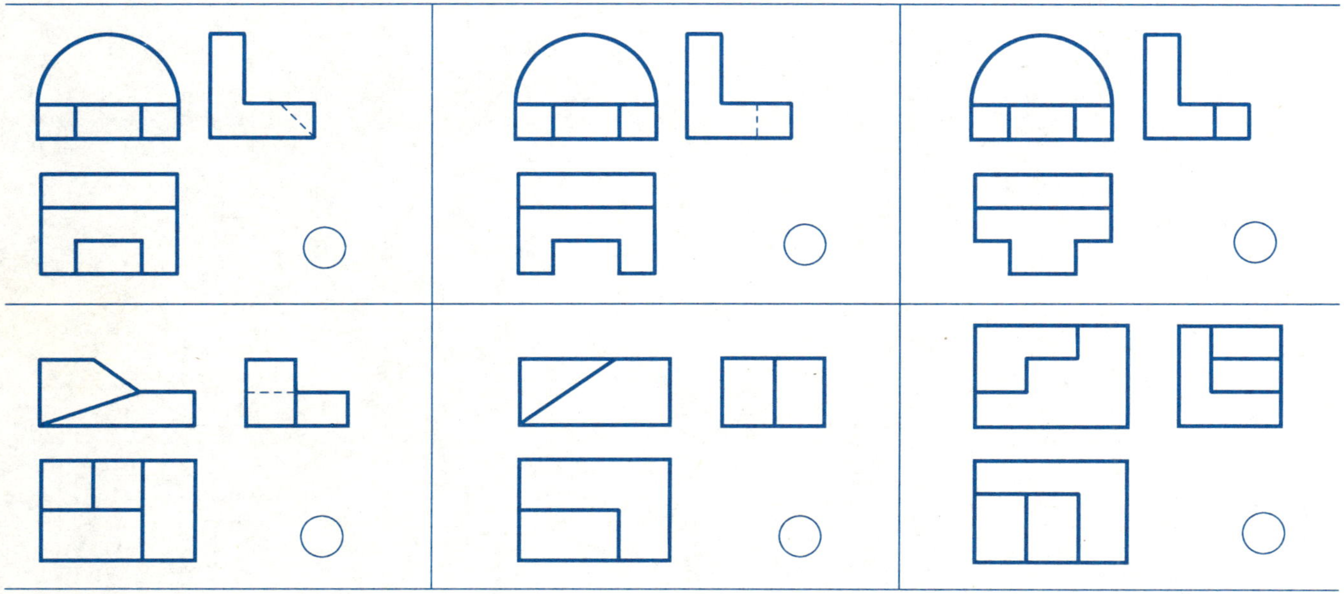

班　级		姓　名		学 号		日 期		评 阅	

练习 5　点的投影练习

(1)按照立体图作各点的三面投影图。

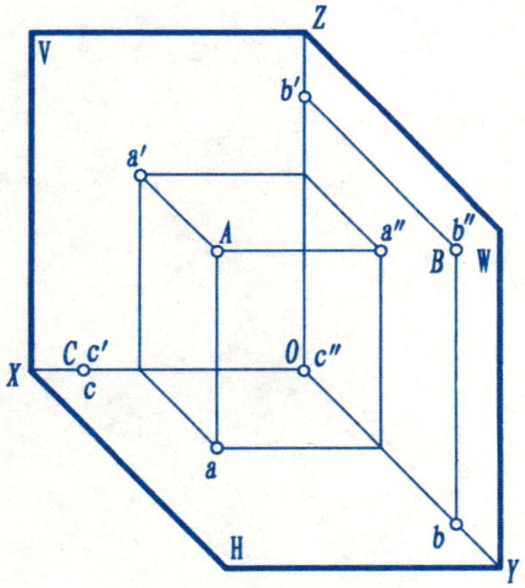

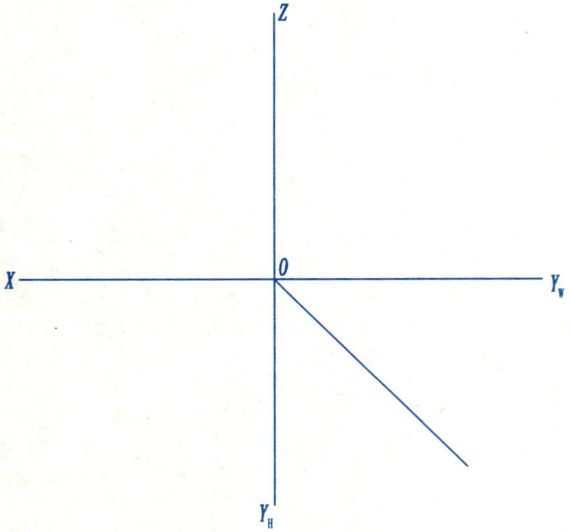

(2)已知 $A(2,3,3)$,$B(5,0,8)$,$C(0,3,5)$,$D(3,0,0)$各点的坐标,求作各点的三面投影图。

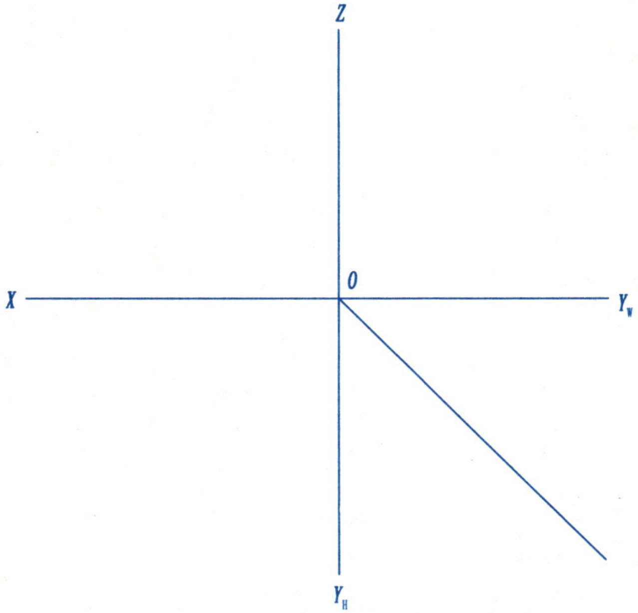

班　级		姓　名		学 号		日 期		评 阅	

(3)已知点 *B* 在点 *A* 的正下方的 H 面上,点 *C* 在点 *A* 的正左方 15 mm,求 *B*,*C* 的投影,并判断投影点的可见性。

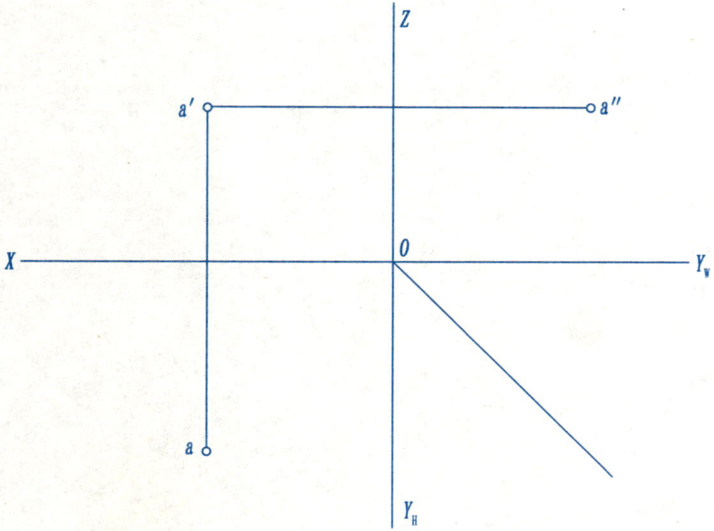

(4)已知房屋的立体图和投影图,把各点标注到投影图上的对应位置,并判断其可见性。

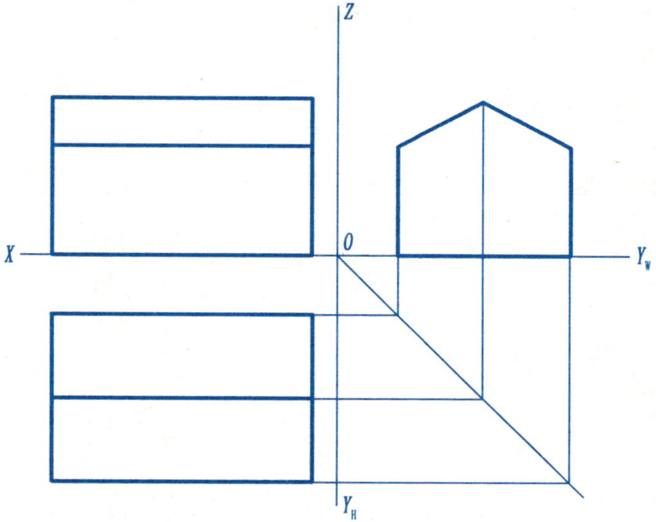

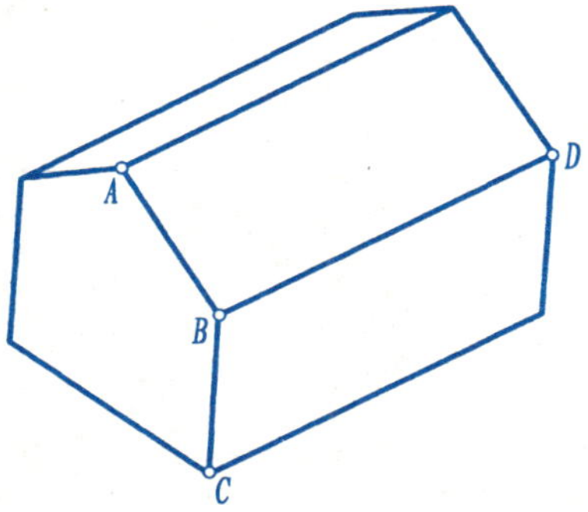

班　级		姓　名		学　号		日　期		评　阅	

(5)已知各点的两面投影,求作第三面投影,并判断它们的空间位置。

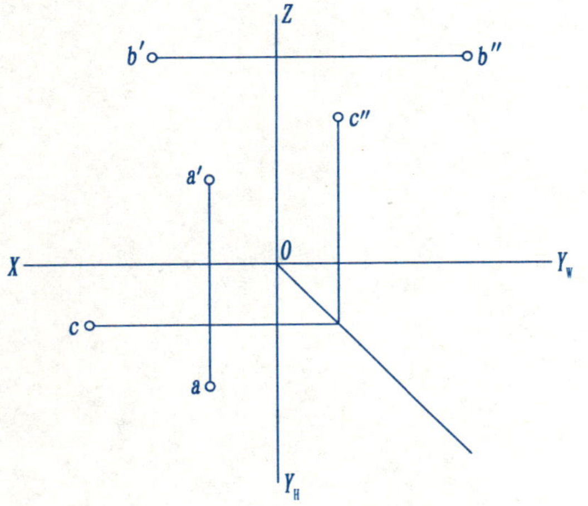

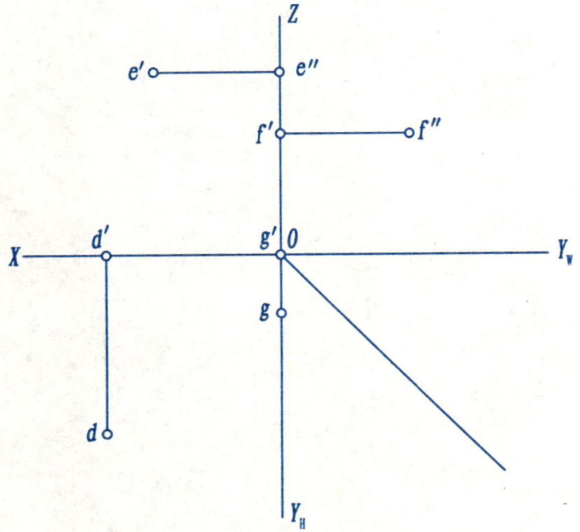

(6)已知点 *A* 与 *W* 面的距离为 10 mm,点 *B* 距点 *A* 10 mm,点 *C* 与点 *A* 在 H 面上是重影点,点 *C* 在点 *A* 的正上方 10 mm,点 *D* 在点 *A* 正前方 10 mm 处。请补全各点的三面投影并标明其可见性。

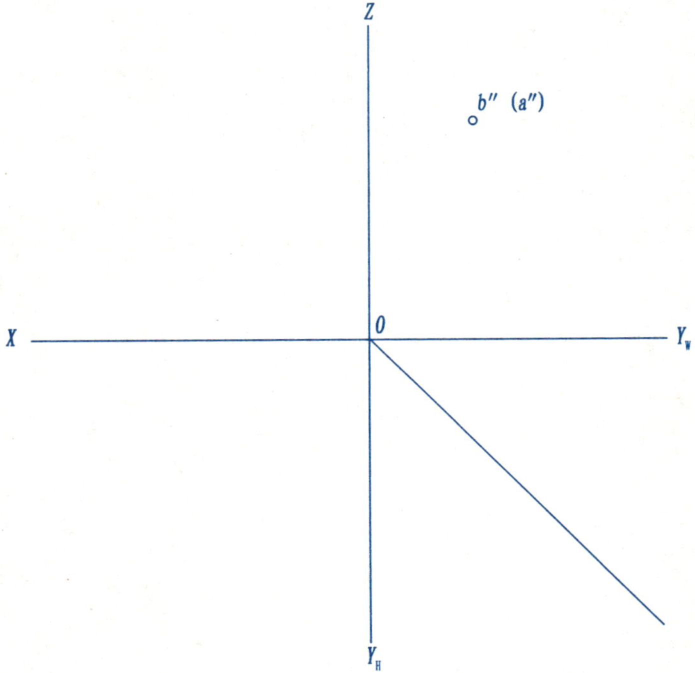

班 级		姓 名		学 号		日 期		评 阅	

(7)已知点 A,B,C,D 的两面投影，作出各点的第三面投影，并标明这些点的位置。

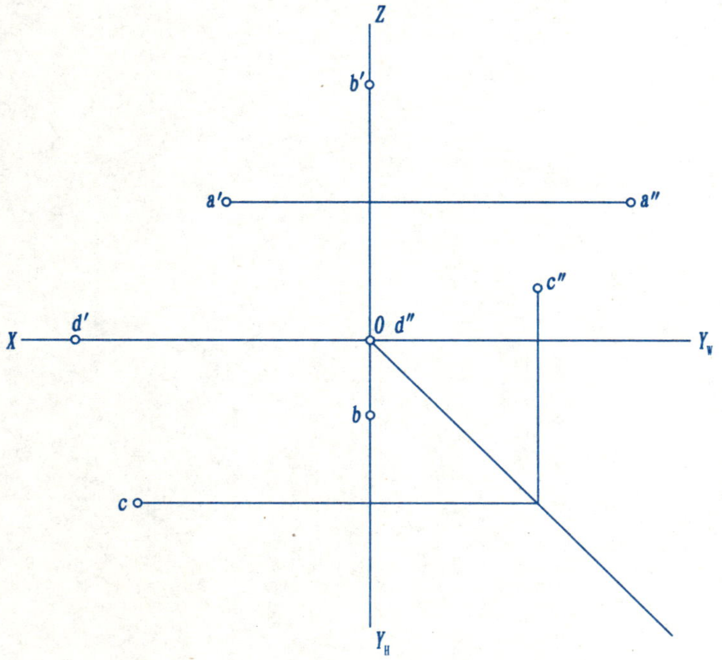

(8)已知点 $A(20,0,10)$，点 $B(0,0,10)$ 以及点 C 在点 A 的正前方 20 mm，作出这三个点的三面投影（对重影点的重合投影要标明可见性）。

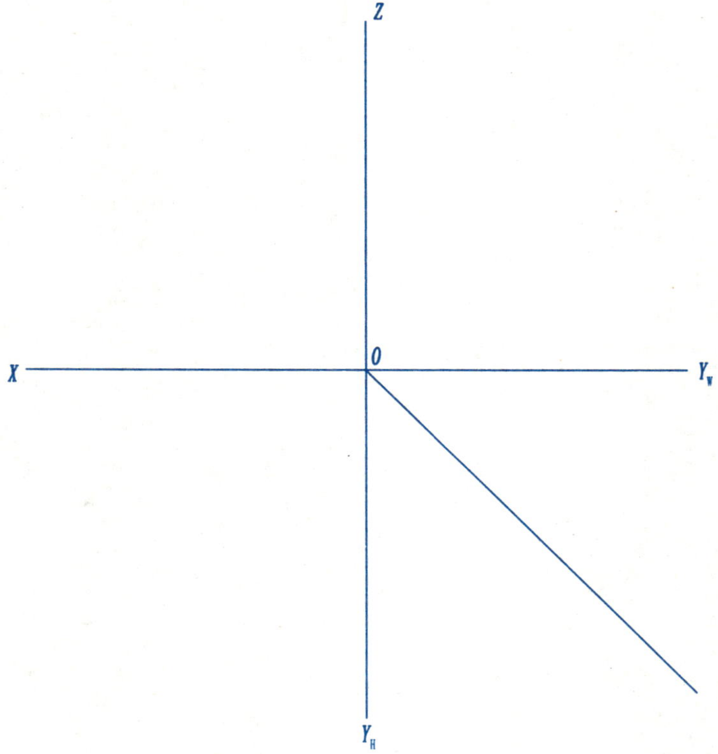

班　级		姓　名		学 号		日 期		评 阅	

练习 6　直线投影练习

(1) 判断下列各直线对投影面的相对位置，并画出第三投影。

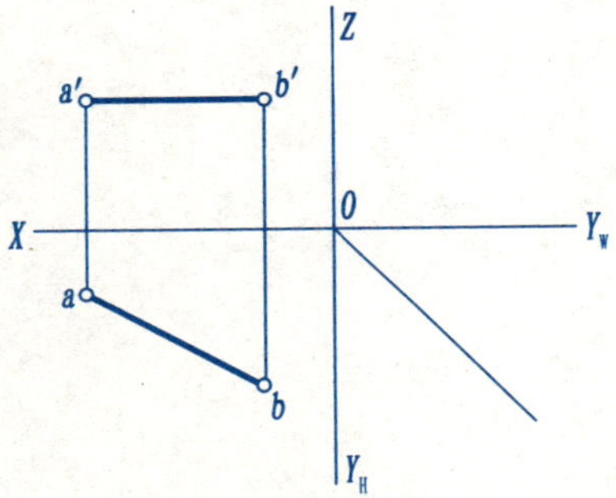

AB是________线

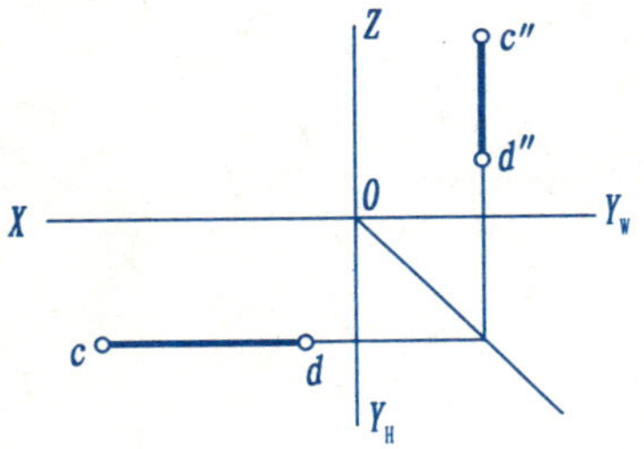

CD是________线

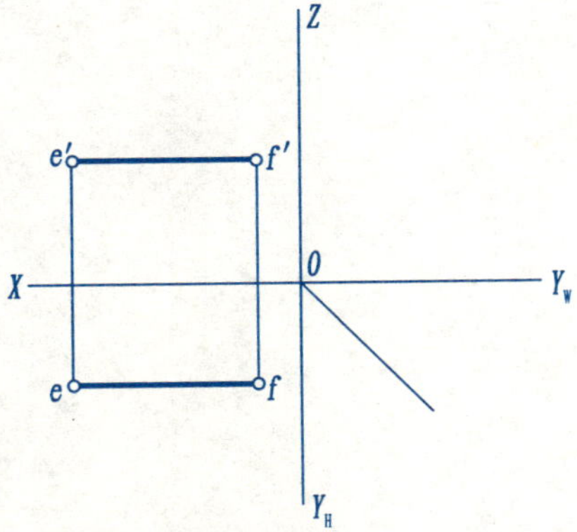

EF是________线

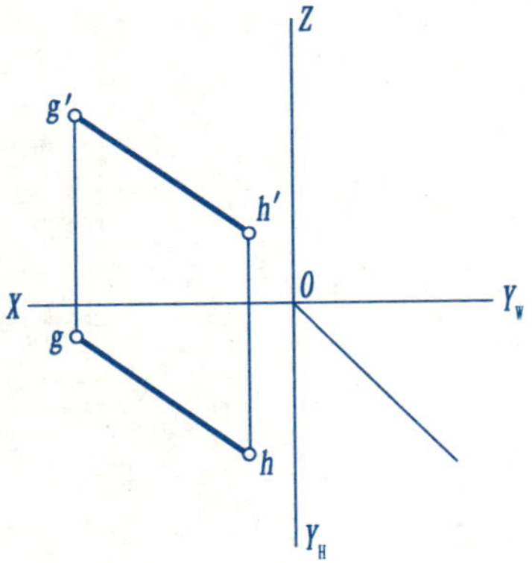

GH是________线

(2) 判断 K 点是否在直线 AB 上。

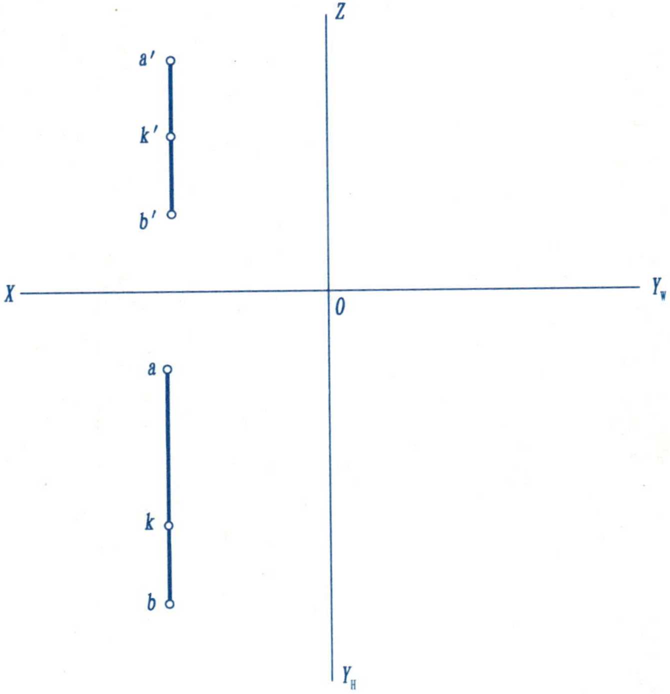

班　级		姓　名		学　号		日　期		评　阅	

(3)判断下列两直线的相对位置(平行、相交、交叉)。

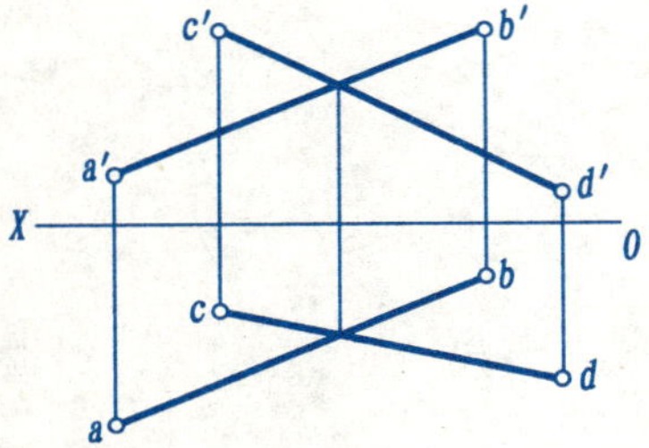

______

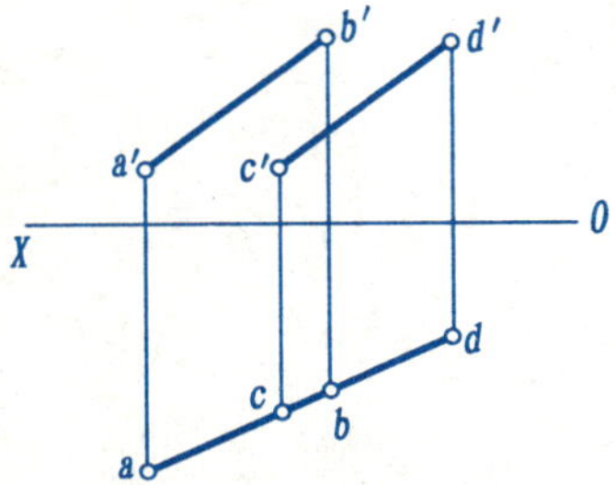

______

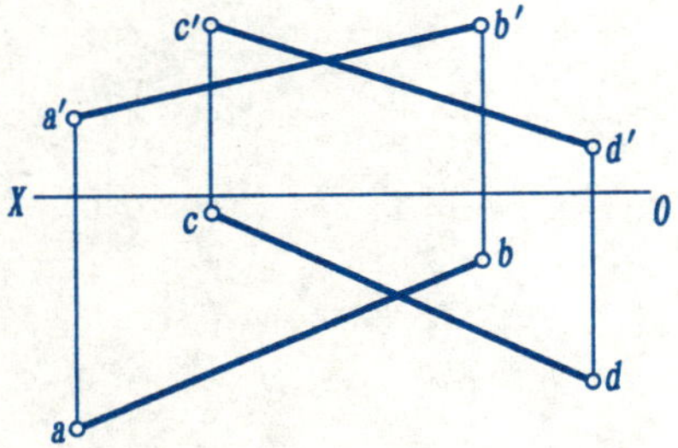

______

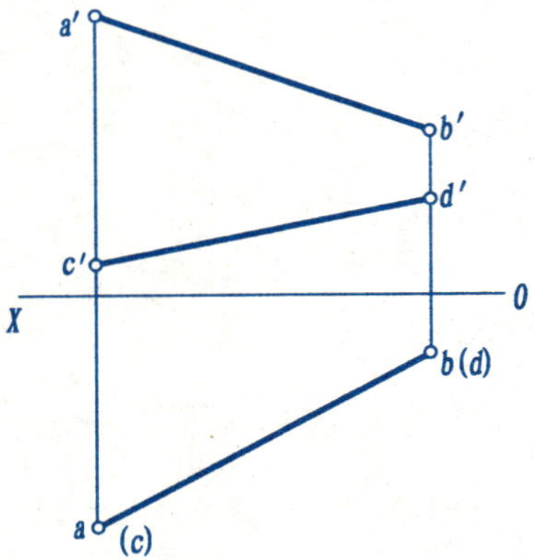

______

(4)过点 A 作下列直线的三面投影:①一般位置直线 AB,点 B 在点 A 之左 10 mm,之后 10 mm,之上 10 mm。②正平线 AC,点 C 在点 A 的右上方 $\alpha=45°$,长度为 20 mm。③侧平线 AD,点 D 在点 A 的后下方,$\beta=30°$,长度为 25 mm。

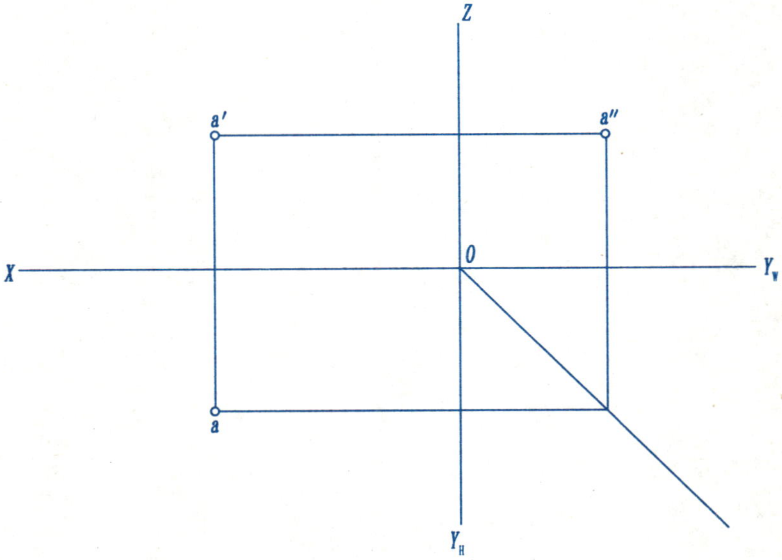

班 级		姓 名		学 号		日 期		评 阅	

(5)在 *AB* 直线上求一点 *C*，使点 *C* 与 V，H 面等距。

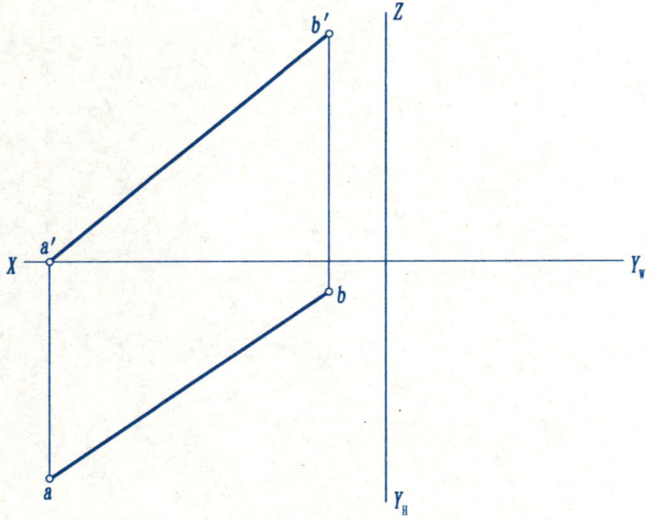

(6)在直线 *AB* 上定一点 *C*，使点 *C* 的坐标 *X*∶*Z* = 2∶1。

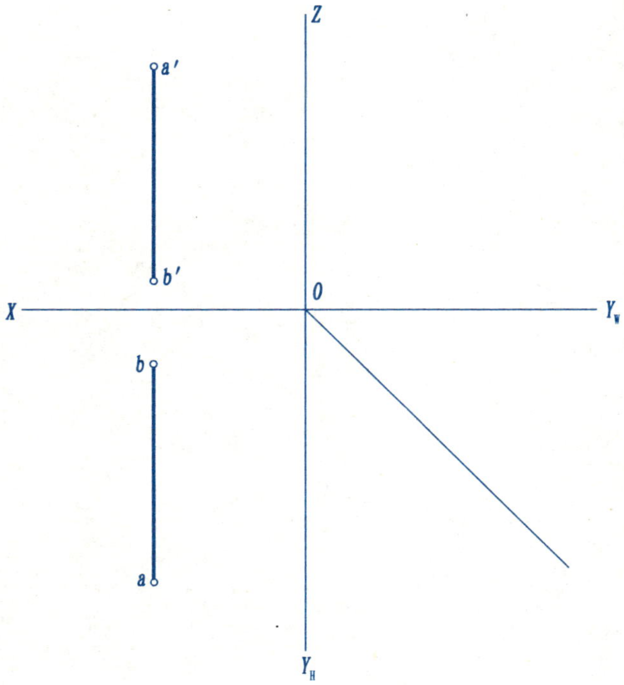

班　级		姓　名		学　号		日　期		评　阅	

(7)求 *AB*,*CD* 交叉线的公垂线。

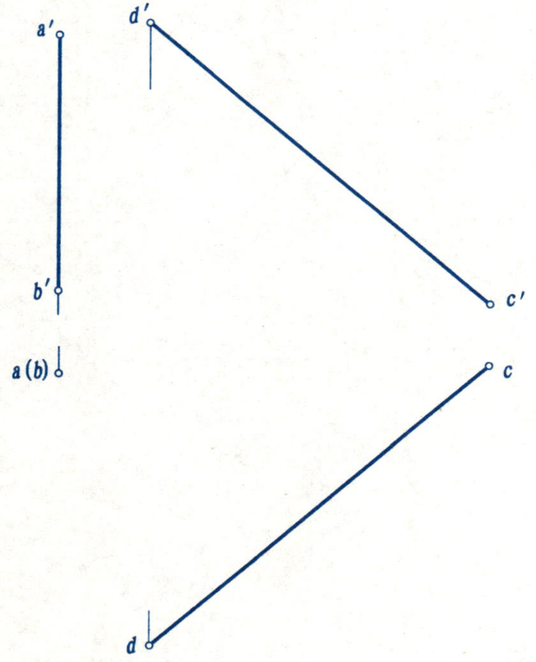

(8)过点 *C* 求作:(1)*CD*∥*AB*;(2)*CE* 与 *AB* 线相交,交点距 H 面为 15 mm。

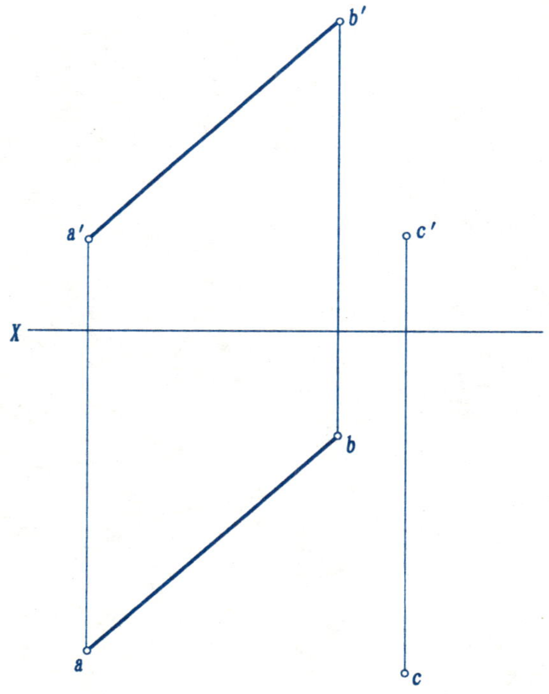

班 级		姓 名		学号		日 期		评 阅	

练习 7　面的投影练习

(1)求平面内点的两面投影。

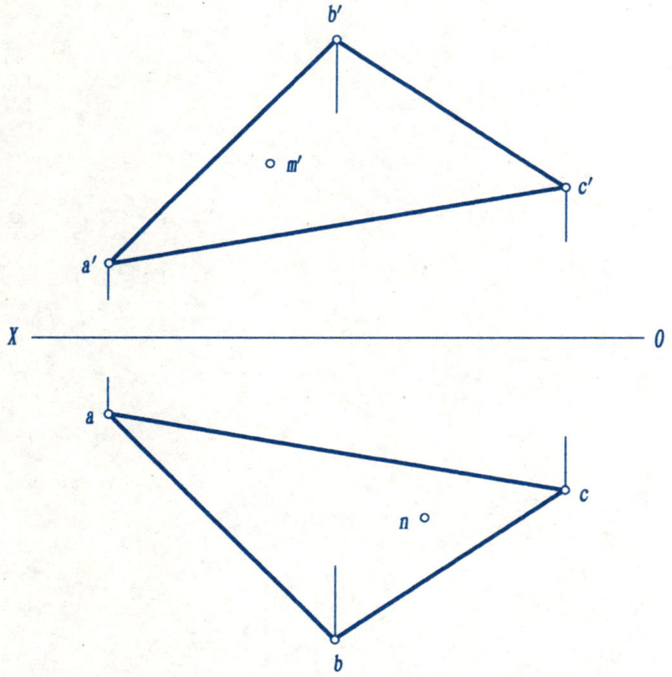

(2)过点 *A* 作正平面 *P*,过点 *B* 作侧垂面 *Q*,过 *CD* 作正垂面 *R*。

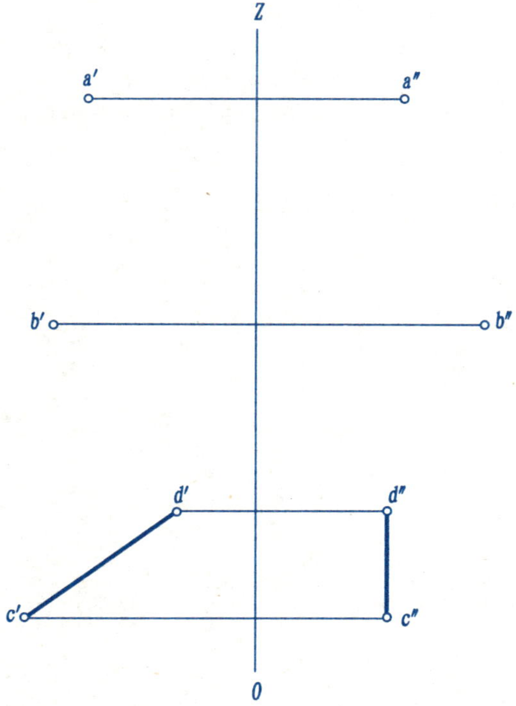

班　级		姓　名		学 号		日 期		评 阅	

(3) 在投影图上注明各指定表面，并在表格内填写各表面和投影面的相对位置。

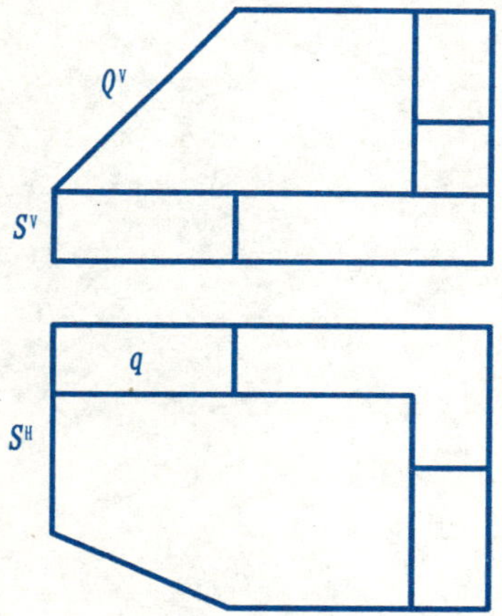

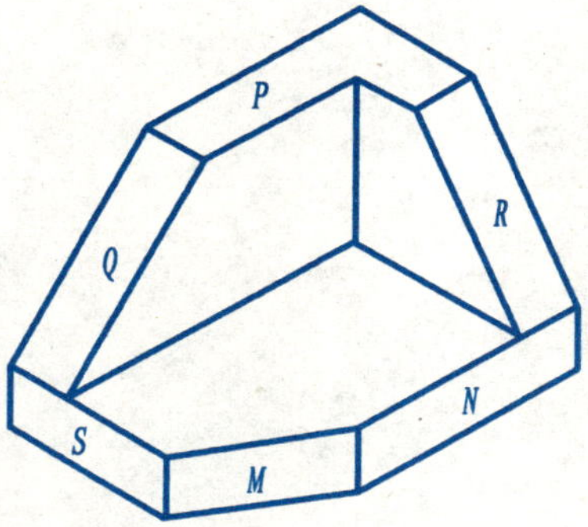

平面名称	与投影面相对位置
P	
Q	
R	
S	
M	
N	

(4) 在△*ABC* 内过点 *A* 作水平线，在△*EFG* 内作距 V 面为 25 mm 的正平线。

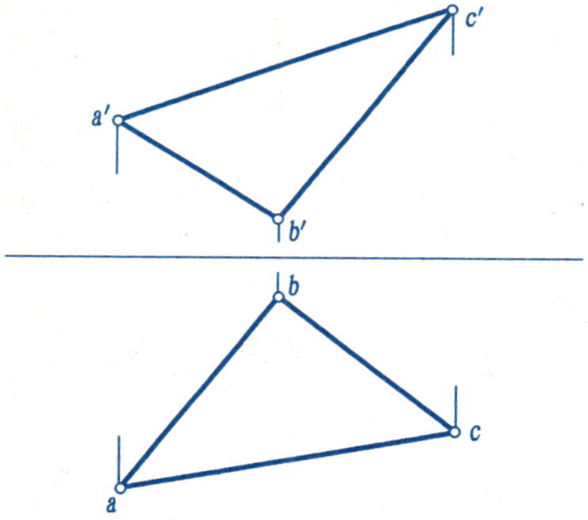

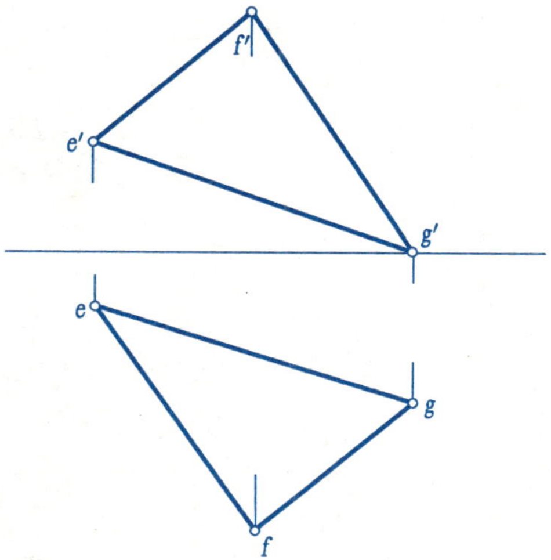

班 级		姓 名		学 号		日 期		评 阅	

(5)已知正垂面 P 及其上的△ABC 的 H 面投影，补全它的 V 面投影和 W 面投影，写出平面 P 与三个投影面的倾角。

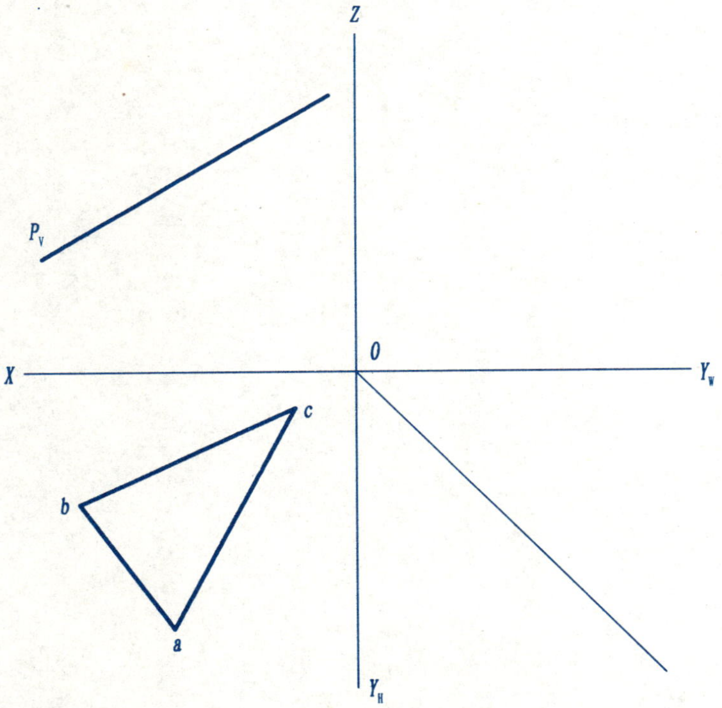

α = ________　　β = ________　　γ = ________

(6)作图判断 K 点是否在平面△ABC 上。

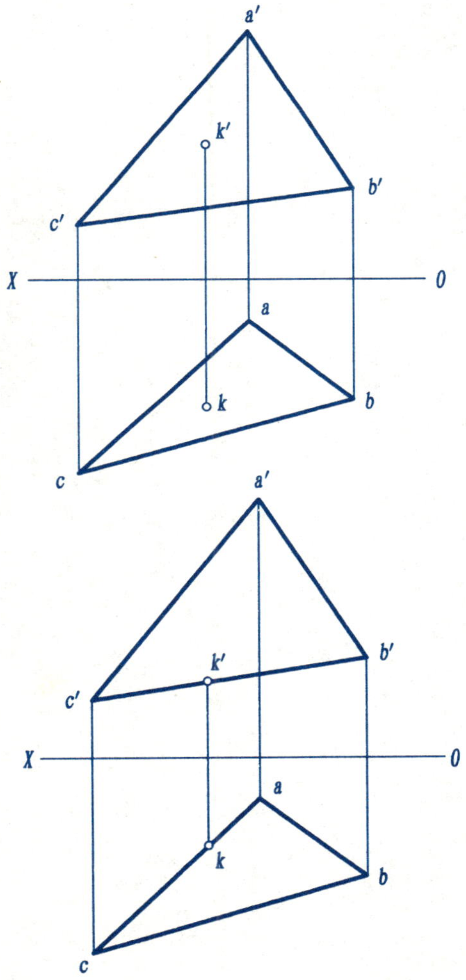

班　级		姓　名		学　号		日　期		评　阅	

(7)完成平面图形的正面投影。

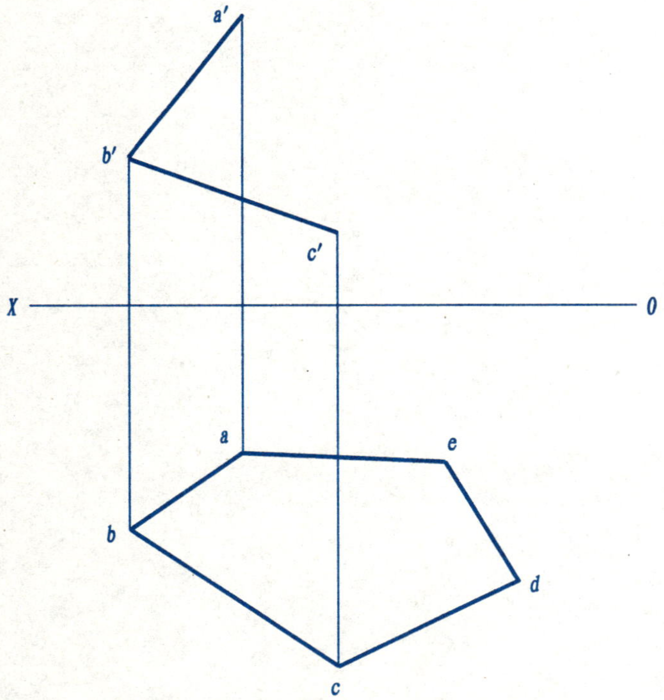

练习8　体的投影练习

(1)已知正三棱柱的H面投影,高为30 mm,请完成其三面投影。

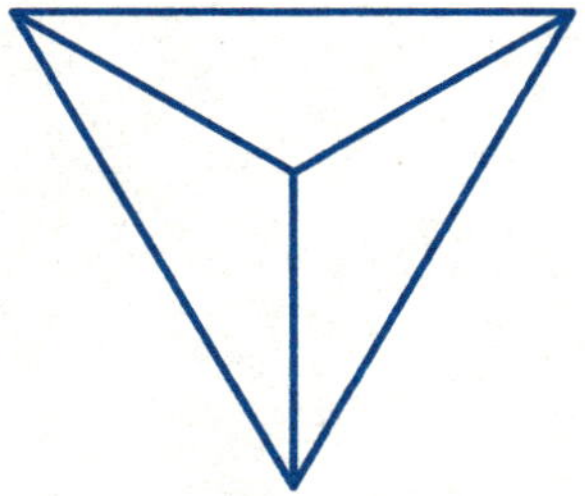

班　级		姓　名		学 号		日 期		评 阅	

(2)补全立体面上各点的三面投影。

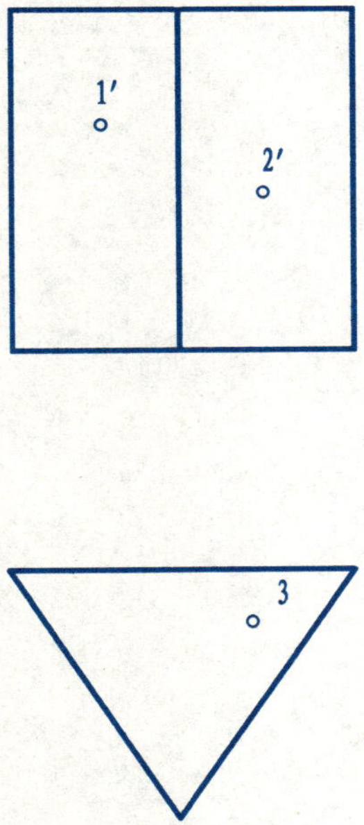

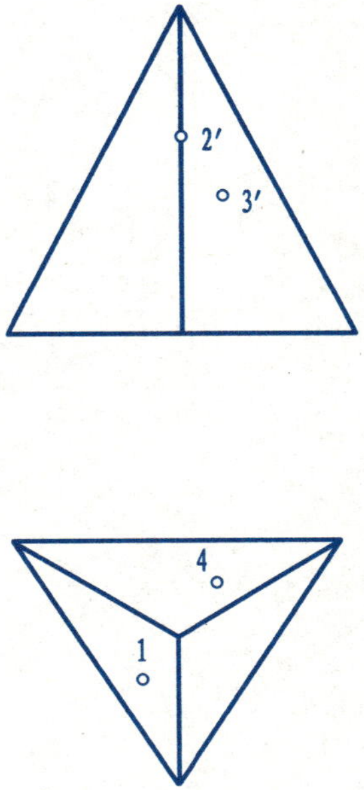

班　级		姓　名		学　号		日　期		评　阅	

(3)补全曲面立体面上各点的三面投影。

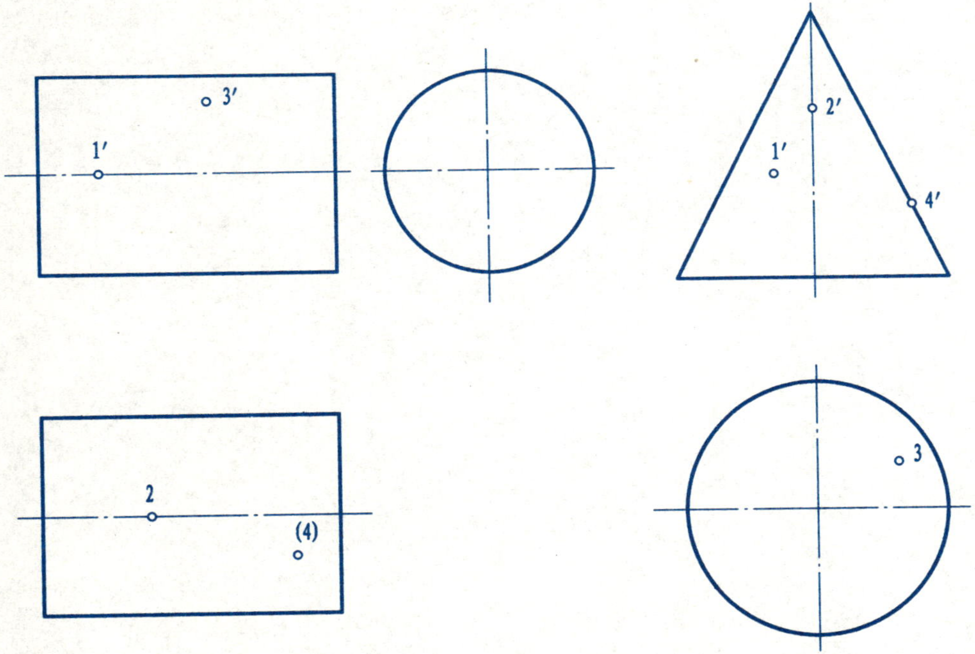

班级		姓名		学号		日期		评阅	

(4)已知带缺口三棱柱的 V 面投影,求作它的 H,W 面投影。

(5)画出四棱台的 V 面投影,并补全四棱台的 W 面投影。

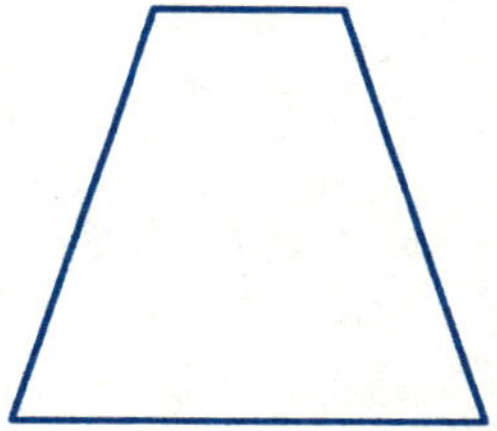

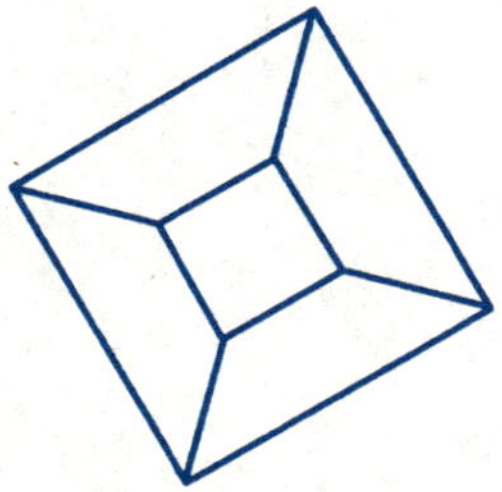

班　级		姓　名		学 号		日 期		评 阅	

(6)画出球面的 W 面投影，并补全球面上的曲线 *CBAFE* 和 *CDE* 的 H 面投影和 W 面投影。

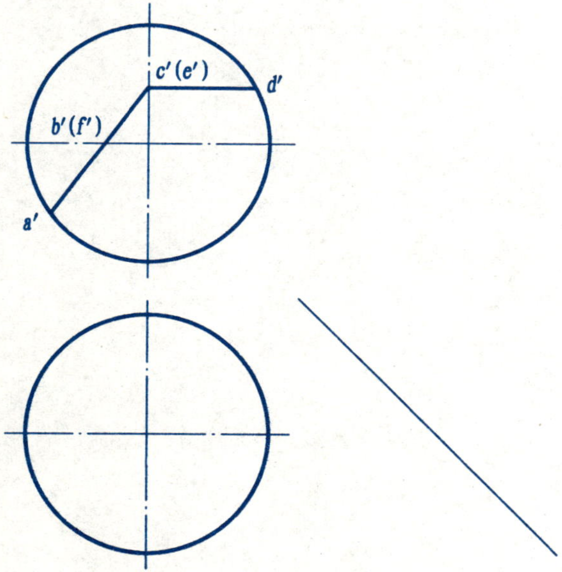

(7)画出五棱柱的 H 面投影，并补全五棱柱表面上的点 *A*,*B*,*C*,*D*,*E*,*F* 的三面投影。

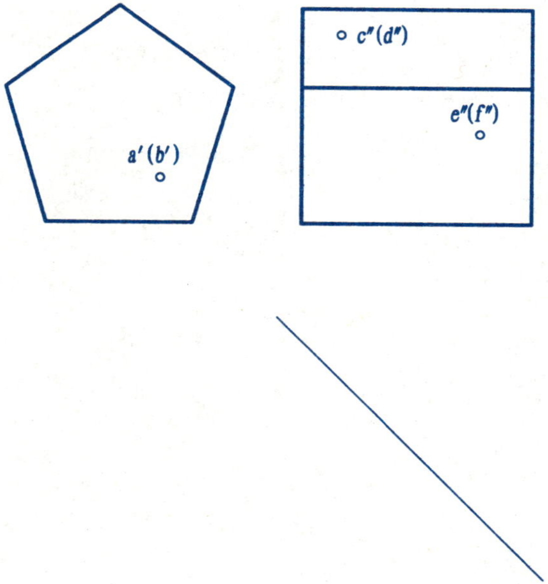

班　级		姓　名		学号		日 期		评 阅	

练习9　轴测投影练习

(1)画出物体的正等测图。

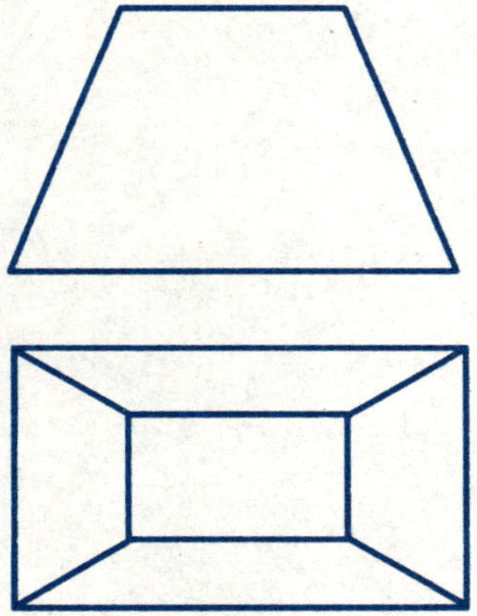

(2)作台阶的正等测图。

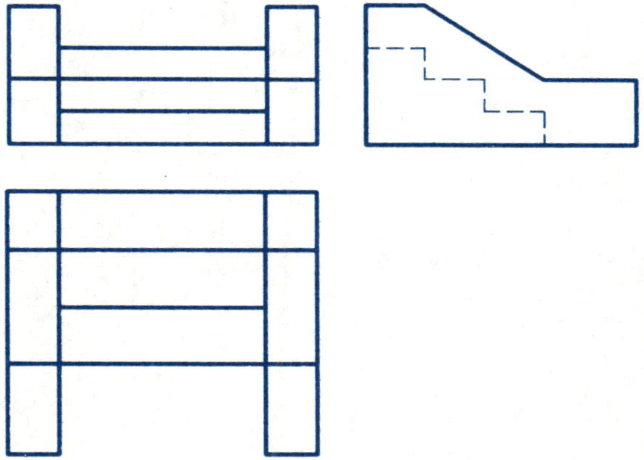

班　级		姓　名		学 号		日 期		评 阅	

(3)作基础的正等测图。

(4)根据建筑物的正投影图,画出其正等测图。

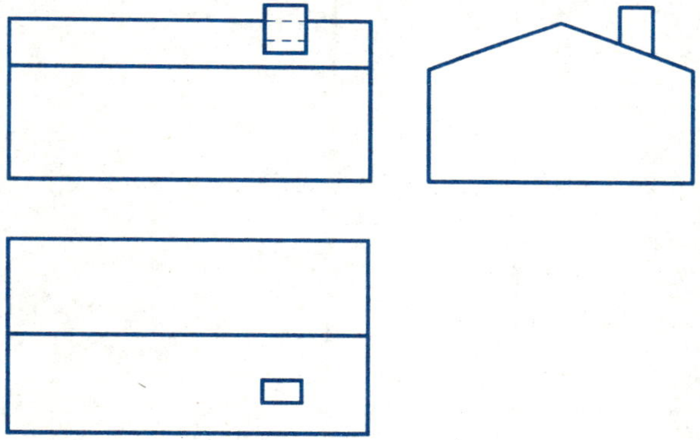

班　级		姓　名		学　号		日　期		评　阅	

(5)作轴测图。

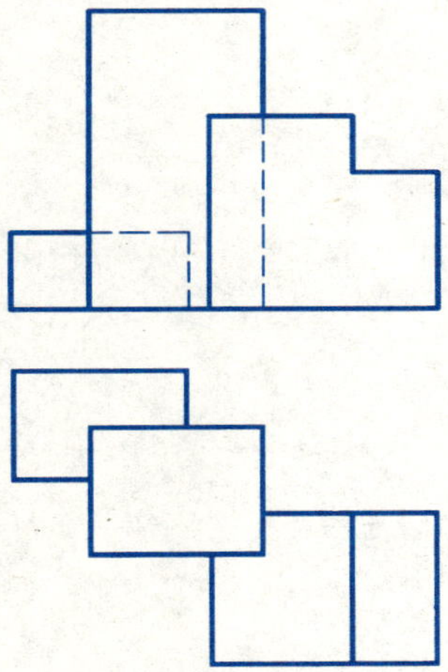

(6)作圆拱门的正等测图。

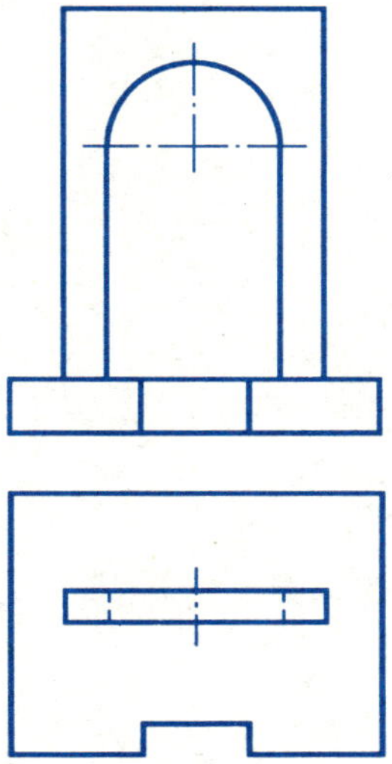

班　级		姓　名		学 号		日 期		评 阅	

(7)画出台阶的正面斜二测图。

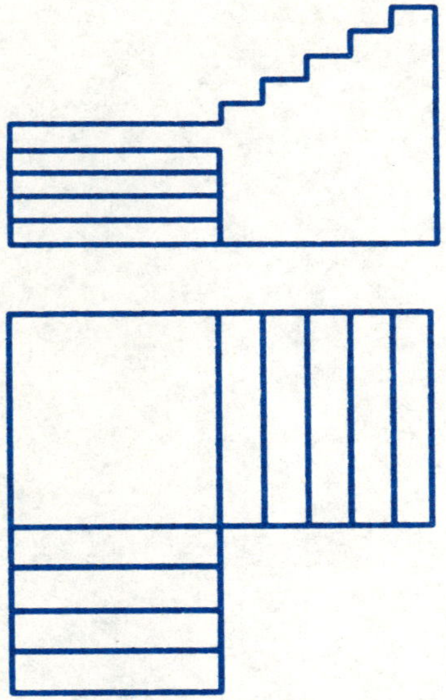

(8)根据建筑形体的正投影图,画出其水平斜二测图。

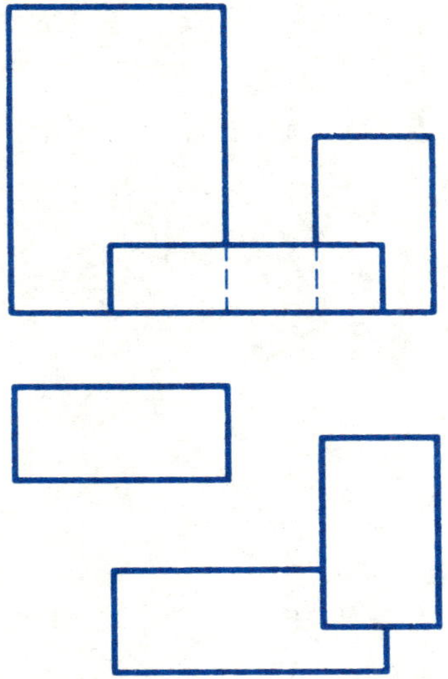

班 级		姓 名		学号		日期		评阅	

练习 10　剖面图练习

(1)补绘 W 面投影,并将 V,W 面投影改作合适的剖面。

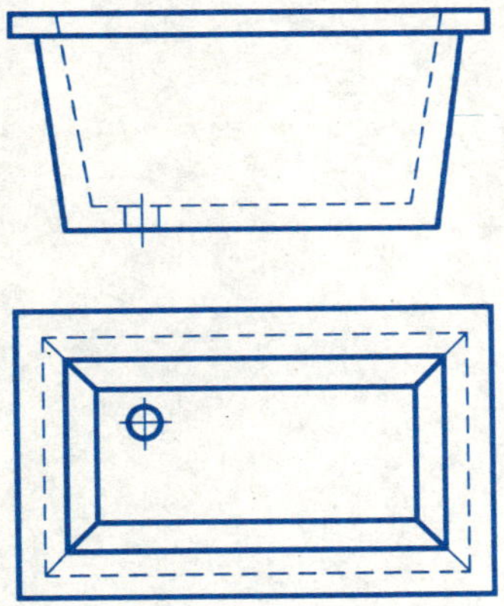

(2)补画 W 面投影,并将 V,W 面投影改作合适的剖面。

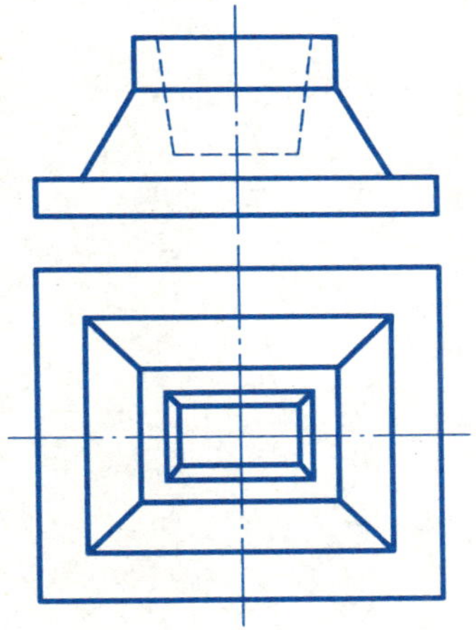

班　级		姓　名		学　号		日　期		评　阅	

(3)作 1—1 剖面图。

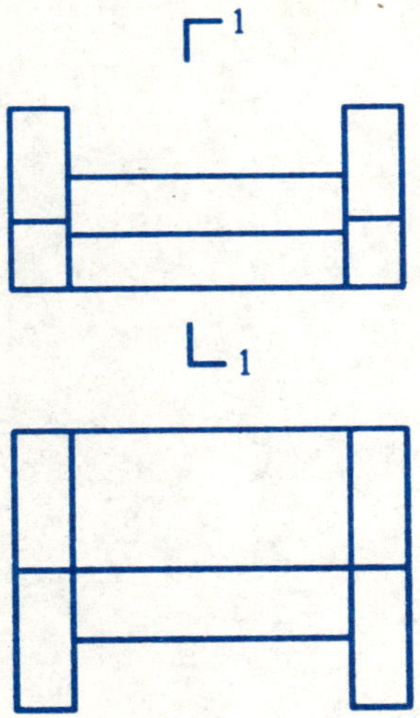

(4)补绘 W 面投影,并将 V,W 面投影改作合适的剖面。

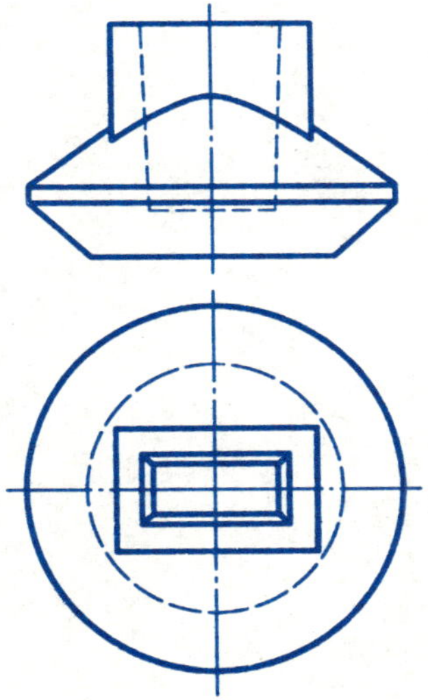

班 级		姓 名		学 号		日 期		评 阅	

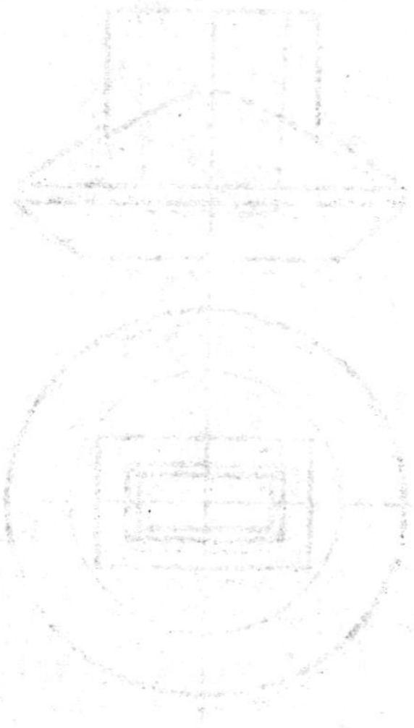

(2)

(5)绘出 1—1 剖面图。

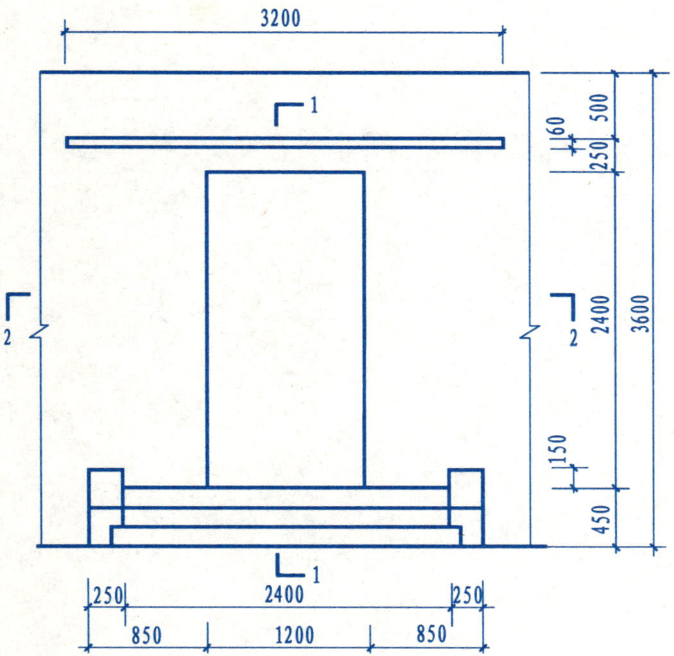

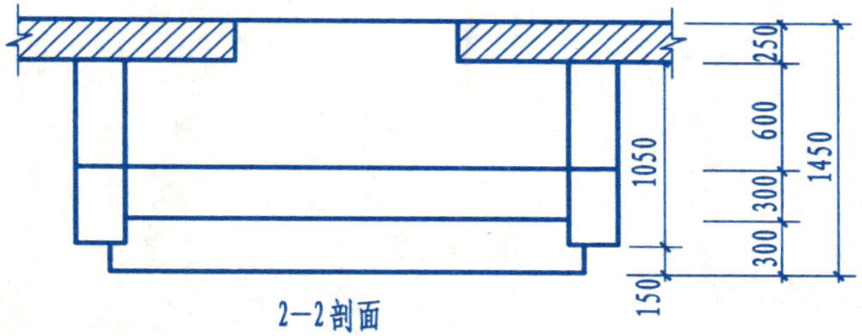

2—2 剖面

班 级		姓 名		学 号		日 期		评 阅	

(6)画出 1—1,2—2 剖面图。

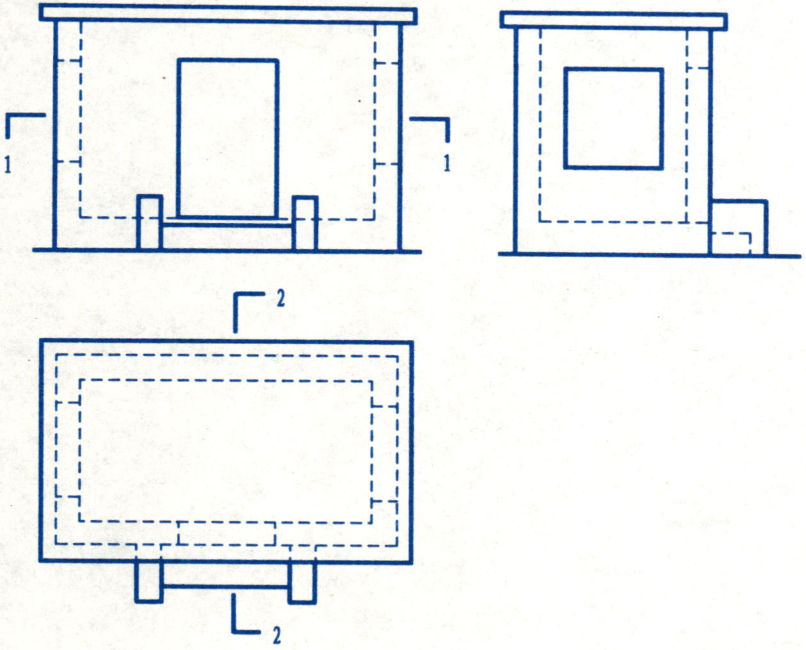

班 级		姓 名		学 号		日 期		评 阅	

练习 11　断面图练习

(1)画出 1—1,2—2,3—3 断面图。

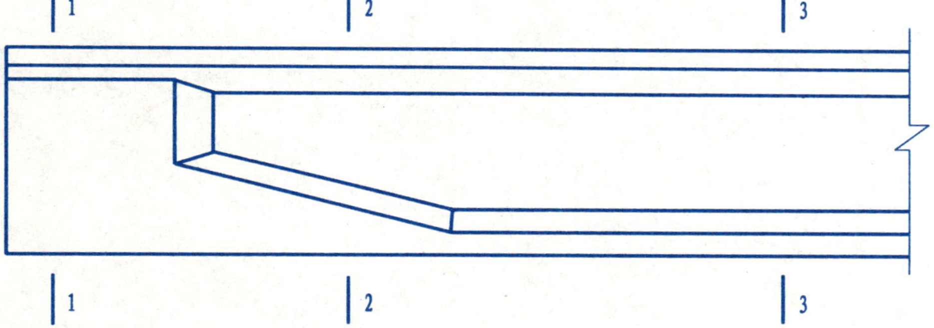

班　级		姓　名		学 号		日 期		评 阅	

(2)画出 1—1,2—2,3—3 断面图。

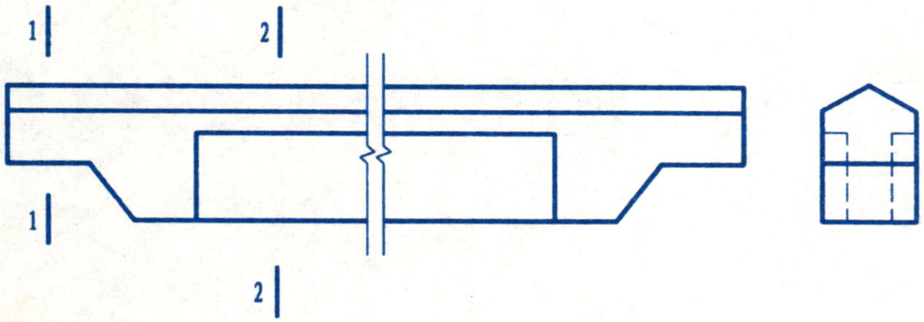

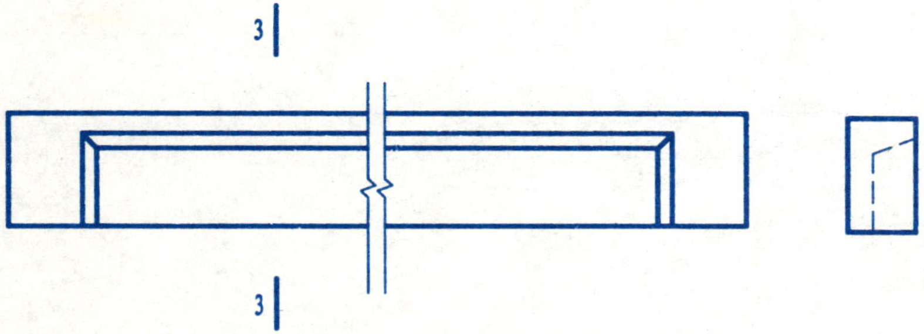

班 级		姓 名		学 号		日 期		评 阅	

(3)画出柱子的1—1,2—2,3—3断面图。

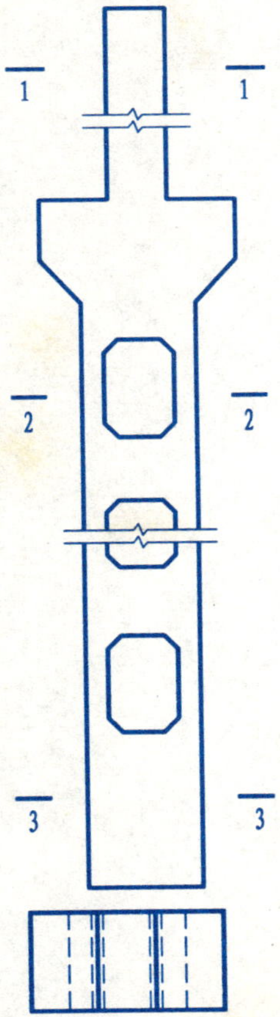

(4)画出1—1,2—2,3—3断面图。

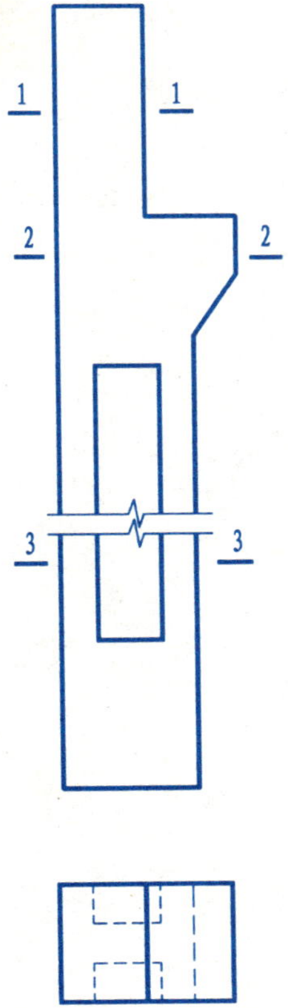

班 级		姓 名		学 号		日 期		评 阅	

2. 识图、读图部分

练习 1　某花园住宅楼建筑施工图识读练习

1. 读建筑设计说明和总平面图填空

(1)建筑工程施工图按照专业分工的不同,可分为________施工图、________施工图、________施工图。

(2)建筑施工图包括________等图纸内容。

(3)建筑工程各专业施工图一般包括________和________两部分。________表示全局性的内容,________表示某些构配件和局部节点构造等的详细情况。

(4)本套施工图共有建筑施工图________张,结构施工图________张。

(5)该住宅楼建筑面积为________ m^2,结构类型为________结构,结构安全等级为________,建筑防火等级为________,屋面防水等级为________。

(6)标高符号用________表示,用________绘制,黄海高程指的是________,标高数字以________为单位。

(7)该住宅墙体防潮做法是________。

(8)详苏 J 9501—2/2 的含义是________。

(9)门窗表中门的类型有________种,型号分别是________。窗的类型有________种,型号分别是________。M5 为________门,数量有________。JLM1 是________,PC1 是________。

2. 读各层平面图填空

(1)建筑平面图是用________沿________位置剖切房屋后,移去上面部分,向下做出的水平剖面图,简称平面图。

(2)定位轴线应用________线绘制,编号应注写在轴线端部的圆内,圆应用________线绘制,直径为________。

(3)横向定位轴线编号应用________,按________顺序编写,竖向定位轴线编号应用________,按________顺序编写。拉丁字母的________不得用做轴线编号。

(4)建筑平面组合较复杂的平面图中,定位轴线也可采用________编号,编号的注写形式应为________,分区号采用________表示。

(5)建筑平面图中次要构件和墙体,可采用________。两根轴线间的附加轴线,应以分母表示________轴线的编号,分子表示________轴线的编号,编号宜用阿拉伯数字顺序编写。1 号轴线或Ⓐ号轴线之前的附加轴线的分母应以________表示。

班　级		姓　名		学　号		日　期		评　阅	

(6) $\frac{1}{2}$（圆圈内）表示________________。

(7) 建筑平面图中外部尺寸一般标注________道，第一道为________，表示________；第二道为________，表示________；第三道为________，表示________。三道尺寸线间距一般为________，第一道尺寸距房屋的外墙边应大些，一般为________以上。

(8) 建筑平面图中内部尺寸应注明________________。

(9) 在底层平面图上，还应画上剖面图的________________。

(10) 平面图中各部分的高差用________表示，一般有水房间地面要比其他地面________，相邻地面高度不同时，应________隔开。

(11) 该住宅建筑总长________，总宽________。定位轴线编号长向（自西向东）为________，短向（自南到北）为________。

(12) 车库层主要布置了________和________，车库共________个车位（由坡道上下，入口处为卷帘门 JLM），车库地面标高________。

(13) 建筑四周设置散水坡，宽________。

(14) 车库平面图中门垛尺寸，从相应轴线到门垛边为________。

(15) 一层平面图绘制了指北针，说明整个建筑朝向为________。

(16) 一层平面图中客厅的开间尺寸为________；标高为________；厨房、卫生间、阳台（属于有水房间）比正常地坪低________，且以________的坡度坡向________。

(17) 户外楼梯的开间尺寸为________；户内楼梯的开间尺寸为________；一、二层为一户，3 层和阁楼层为一户，每户均为________结构。

(18) 屋顶排水为________，檐沟排水坡度均为________，局部为________，设有 *DN*100 的 PVC 落水管共________根。

(19) 指出坡屋面、檐口等处绘有的详图索引符号，并加以说明。

(20) 小汽车车库地面标高为________，室外地面标高为________，首层地面标高为________。

3. 读立面图与剖面图填空

(1) 该住宅楼总高为________，层高为________。

(2) 南立面图上窗台高度为________，窗高度为________。

(3) 建筑立面图应标注________以及________的标高。

班　级		姓　名		学　号		日　期		评　阅	

(4)一层 PC-2 的窗台高度为__________，窗高为__________。

(5)明沟做法选自图集__________________________________。

(6)Ⓔ轴处檐沟做法选自__________，檐沟做法为__________。

(7)详图索引符号 $\frac{5}{-}$ 表示__________；$\frac{5}{4}$ 表示__________；J103 $\frac{5}{3}$ 表示__________。

4. 读楼梯详图填空

(1)楼梯详图包括__________________、__________________、__________________、__________________、__________________。

(2)楼梯台阶的上下关系是站在__________（休息平台、楼层平台）上确定的。

(3)楼梯甲的开间是__________，进深是__________，楼梯休息平台宽__________，楼层平台宽__________，楼梯段净宽__________。

(4)楼梯甲台阶踏面宽__________，踢面高__________。

(5)剖面图中踢面个数比平面图中踏面个数__________。

(6)楼梯甲楼梯扶手与墙面连接的做法选自图集__________。

(7)楼梯平台下过人平台净空不小于__________，楼梯段净空不小于__________。

(8)雨篷做法选自图集__________，第__________页，第__________详图。

(9)楼梯乙的开间__________，进深__________，休息平台宽__________。

(10)楼梯乙的台阶踏面宽__________，踢面高__________。

5. 读大样图填空

(1)窗套尺寸为__________，材料是__________。

(2)腰线尺寸为__________，材料是__________。

(3)PC 尺寸为__________，飘窗垂直栏杆间距为__________。

(4)上人屋面做法选自图集__________，第__________页，第__________详图。

班　级		姓　名		学　号		日　期		评　阅	

练习 2 某花园住宅楼结构施工图识读练习

1. 钢筋混凝土结构的基本知识

(1)结构施工图的主要内容包括:____________、____________、____________。

(2)工程上常用的混凝土有________、________、________、________、________、________等。

(3)钢筋按生产加工工艺可分为________、________、________、________。

(4)配置在钢筋混凝土构件中的钢筋,按其所起的作用主要有________、________、________、________、________。

(5)钢筋横断面的表示方法________,无弯钩钢筋的表示方法________,无弯钩钢筋搭接的表示方法________。

(6)3 ϕ16 表示________________,ϕ8@200 表示________________。

(7)常用构件代号:板________,梁________,柱________,基础________。

2. 读结构设计说明填空

(1)本住宅为________结构,结构安全等级为________,基础设计等级为________。

(2)抗震设防烈度为________,建筑场地类别为________。

(3)梁中箍筋及构造筋保护层厚度为________。

(4)地基承载力为________,基础类型为________。

(5)墙体材料砖为________,砂浆 -2.400 m 以下为________,一、二、三、四层砂浆为________。

(6)墙体厚度除图中标明外均为________。

(7)现浇板图中板底未注明钢筋均为________,支座负筋的分布筋为________。

(8)现浇板底钢筋除注明外,短跨钢筋位于________,长跨钢筋位于________。

(9)门洞口净跨小于 900 mm 时,采用预制钢筋混凝土过梁,断面为________,配筋为________。

(10)圈梁代过梁时,当洞口尺寸大于 900 mm 小于等于 1 500 mm 时,底部增加纵筋________。

3. 读基础图填空

(1)基础断面的类型有________,基础的埋深都是________。

(2)地圈梁断面尺寸为________,配筋为________。

班 级		姓 名		学 号		日 期		评 阅	

(3)垫层厚度为__________，材料为__________。

(4)基础 1—1 宽度为__________，配筋为__________。

(5)DL-1 的断面尺寸为__________，配筋为__________。

(6)DL-2 的断面尺寸为__________，配筋为__________，梁长为__________。

4. 读结构平面图填空

(1)一层结构平面图中①，②轴与Ⓓ，Ⓔ轴间板的配筋情况是____________________，板厚度为__________。

(2)FL-1 梁为__________，配筋情况为______________________________。

(3)GL-1 为__________，梁长为__________，配筋情况为______________________________。

(4)二层结构平面图中①，③轴与Ⓐ，Ⓑ轴间板的厚度为__________，配筋情况为______________________________。

(5)板中配筋弯钩向左的钢筋为__________，弯钩向右的钢筋为__________，弯钩向下的钢筋为__________，弯钩向上的钢筋为__________。

(6)GZ-1 的截面尺寸为__________，配筋为__________。

(7)QL-1 的截面尺寸为__________，配筋为__________。

(8)三层结构平面图中 XTL-1 中钢筋的种类有__________，分别是______________________________。

(9)坡屋面结构平面图中①，③轴与Ⓐ，Ⓒ轴间板厚度为____________，配筋中未注明的钢筋为____________，支座负筋的分布筋为__________。

(10)WL-2 的梁长为__________，梁顶部标高为__________，梁截面尺寸为__________，梁配筋为__________。

5. 读楼梯结构图填空

(1)楼梯甲楼梯板的类型有__________，其中 TB-1 的配筋为______________________________。

(2)楼梯乙中楼梯梁的类型有__________，其中 TL-3 的尺寸为__________，配筋为______________________________。

(3)楼梯甲中平台的配筋为__________，其中未注明的钢筋为______________________________。

(4)TDL1 截面尺寸为__________，配筋为______________________________。

班级		姓名		学号		日期		评阅	

练习3　某职业技术学院教学楼建筑施工图识读练习

1. 读建筑设计说明与总平面图填空

(1)该建筑物层数为__________,首层地面绝对标高为__________,西南角点坐标为__________。

(2)该建筑建筑总面积为__________,建筑高度为__________。

(3)该教学楼防火等级为__________,抗震设防烈度为__________。

(4)墙身防潮层的做法是____。

(5)门的类型有________________________________,数量分别是________________________________。

(6)窗的类型有________________________________,数量分别是________________________________。

(7)建筑施工图共有__________张,分别是____。

2. 读建筑平面图填空

(1)建筑总长为__________,总宽为__________,室内外高差为__________。

(2)普通教室开间尺寸为__________,进深为__________。

(3)甲楼梯间开间为__________,进深为__________。东侧乙楼梯间开间为__________。

(4)FM-1 是__________,数量为__________。

(5)卫生间开间尺寸为__________,地面标高为__________,地面坡度为__________。

(6)台阶做法选自图集__________,第__________页,第__________张图。

(7)该建筑的朝向是__________。

(8)二层平面图中阳台地面标高为__________,阳台栏杆做法选自图集______________________________。

(9)阶梯教室开间尺寸为__________,进深为__________,台阶宽__________。

(10)屋面排水坡度为__________,檐沟排水坡度为__________,雨水管个数为__________。

(11)屋面分隔缝横缝做法选自__________,纵缝做法选自______________________________________。

(12)屋面斜板天沟详图做法选自__________,山墙泛水做法选自______________________________。

(13)楼梯屋面排水坡度为__________,梯屋面做法选自______________________________________。

班　级		姓　名		学　号		日　期		评　阅	

3. 读立面图、剖面图填空

(1)建筑总高为＿＿＿＿＿＿，层高为＿＿＿＿＿＿。

(2)建筑南立面图上窗高为＿＿＿＿＿＿，窗台高为＿＿＿＿＿＿，首层窗下墙墙面装修做法为＿＿＿＿＿＿＿＿＿＿＿＿，其他各层窗下墙面装修做法是＿＿＿＿＿＿＿＿＿＿＿＿。

(3)墙面分隔线做法是＿＿＿＿＿＿＿＿＿＿＿＿＿＿＿＿，女儿墙墙面装修做法是＿＿＿＿＿＿＿＿＿＿＿＿＿＿＿＿。

(4)阳台高度为＿＿＿＿＿＿，阳台立面墙面装修做法为＿＿＿＿＿＿＿＿＿＿＿＿＿＿＿＿。

(5)阶梯教室砖砌踏步做法选自＿＿＿＿＿＿＿＿＿＿＿＿＿＿＿＿，踏步高为＿＿＿＿＿＿。

4. 读楼梯详图填空

(1)楼梯甲的开间是＿＿＿＿＿＿，进深是＿＿＿＿＿＿，楼梯休息平台宽＿＿＿＿＿＿，楼层平台宽＿＿＿＿＿＿。

(2)楼梯甲台阶踏面宽＿＿＿＿＿＿，踢面高＿＿＿＿＿＿。

(3)楼梯段净宽＿＿＿＿＿＿，楼梯段长＿＿＿＿＿＿，楼梯井宽＿＿＿＿＿＿。

(4)楼梯台阶防滑做法选自＿＿＿＿＿＿＿＿＿＿＿＿＿＿＿＿。

(5)楼梯扶手做法选自＿＿＿＿＿＿＿＿＿＿＿＿＿＿＿＿＿＿。

(6)楼梯栏杆做法选自＿＿＿＿＿＿＿＿＿＿＿＿＿＿＿＿，平台栏杆做法选自＿＿＿＿＿＿＿＿＿＿＿＿＿＿＿＿。

(7)$\frac{5}{2}$ 1:10 中 2 表示＿＿＿＿＿＿，5 表示＿＿＿＿＿＿。

(8)局部剖面索引符号 $\frac{5}{-}$ 表示从＿＿＿＿＿＿向＿＿＿＿＿＿投影。

班　级		姓　名		学　号		日　期		评　阅	

练习 4　某职业技术学院教学楼结构施工图识读练习

1. 钢筋混凝土结构施工图平面整体表示方法填空

(1)柱平法施工图是在柱平面图上采用________方式或________方式表达,并按规定注明各结构层的楼面标高、结构层高及相应层号。

(2)柱列表注写内容包括:________,________,________,________,________,________。

(3)柱截面注写方式是____。

(4)梁平法施工图是在梁平面布置图上采用________方式或________方式表达。

(5)梁的平面注写方式是在梁平面布置图上,分别在不同编号的梁中各选一根梁,在其上注写________和________。

(6)梁的平面注写方式包括________与________。________表达梁的通用数值,________表达梁的特殊数值。施工时,________取值优先。

(7)梁集中标注可以从梁的任意一跨引出,标注内容包括五项必注值和一项选注值。五项必注值分别为:________,________,________,________,________。

(8)梁原位标注的内容包括________,________,________。

(9)梁截面注写方式是____。

2. 读结构设计总说明填空

(1)本住宅为________结构,结构安全等级为________,基础设计等级为________。

(2)抗震设防烈度为________,建筑场地类别为________。

(3)梁中箍筋及构造筋保护层厚度为________。

(4)地基承载力为________,基础类型为________。

(5)双向板配筋短向钢筋放在________(上层,下层)。

(6)K6 表示________,N6 表示________。

(7)板跨大于 4 m 时,要求板________。

(8)平面图中标有▲符号的板角处理做法是____。

班　级		姓　名		学　号		日　期		评　阅	

(9)砌块强度不小于__________,内地台以下砂浆为__________,其余砂浆为__________。

(10)钢筋混凝土墙或柱与砌体用__________钢筋连接,该钢筋沿混凝土墙或柱高度每隔__________预埋。

3. 读基础施工图填空

(1)JL 的截面尺寸是__________,钢筋类型有__________,分别是__________。

(2)JLA 的截面尺寸是__________,配筋情况是__________。

(3)GZ1 的截面尺寸是__________,配筋情况是__________。

(4)ZJ1 的几何尺寸是__________,桩身配筋是__________。

(5)ZJC 的几何尺寸是__________,桩身配筋是__________。

(6)桩身混凝土标号为__________,承台混凝土标号是__________。

(7)桩顶主筋伸入承台内的锚固长度为__________。

(8)桩身和承台的保护层厚度为__________。

4. 读柱配筋图填空

(1)底层柱配筋图中 Z5 柱截面尺寸为__________,四角纵向受力钢筋为__________,位于两个 b 边中部纵向受力钢筋为__________,位于两个 h 边中部纵向受力钢筋为__________,共配纵向受力钢筋__________根,箍筋为__________。

(2)底层柱配筋图中 Z4 柱的截面尺寸为__________,配筋为__________,根数有__________。

(3)底层柱配筋图中 Z2 柱截面尺寸为__________,四角纵向受力钢筋为__________,位于两个 b 边中部纵向受力钢筋为__________,位于两个 h 边中部纵向受力钢筋为__________,共配纵向受力钢筋__________根,箍筋为__________。

(4)二~六层柱配筋图中 Z2 柱截面尺寸为__________,四角纵向受力钢筋为__________,位于两个 b 边中部纵向受力钢筋为__________,位于两个 h 边中部纵向受力钢筋为__________,共配纵向受力钢筋__________根,箍筋为__________。

(5)Ⓔ轴交⑪轴及Ⓔ轴交⑬轴柱顶标高为__________,Ⓕ轴柱顶标高为__________,Ⓖ轴柱顶标高为__________。

(6)乙梯顶层柱 Z12 截面尺寸为__________,四角纵向受力钢筋为__________,位于两个 b 边中部纵向受力钢筋为__________,位于两个 h 边中部纵向受力钢筋为__________,箍筋为__________。

班　级		姓　名		学　号		日　期		评　阅	

5. 读梁板配筋图填空

(1)框架梁采用现浇钢筋混凝土,纵向受力钢筋、构造腰筋采用__________,箍筋采用__________。

(2)KL3(3)表示该梁是__________号框架梁,共有__________跨,两端__________(有,无)悬挑。

(3)KL(××A)为__________,KL(××B)为__________,悬挑不计入跨数。

(4)当有悬挑梁且根部和端部的高度不同时,用__________表示梁的截面。

(5)ϕ10@100(4)/150(2),表示箍筋为__________级钢筋,直径为__________,加密区间距为__________,__________肢箍;非加密区间距为__________,__________肢箍。

(6)梁配筋中 G4 ϕ10,表示______________________________。N6 ϕ14,表示______________________________。

(7)KL13(1)300×800 ϕ8@100/200(2)2 ϕ22 G4 ϕ16 表示梁的内容有____。

(8)5B3 的含义是__________,它的厚度为__________,它的配筋情况是______________________________。

(9)五、六层板配筋图中,K8 表示____________________。

6. 读楼梯结构详图填空

(1)楼梯详图中 AT1 表示__________,板厚__________,内配受力筋__________,分布筋__________。

(2)楼层平台板 PTB1,板厚__________,板底长向钢筋和短向钢筋都是__________,沿板面四周的构造钢筋__________,伸入板内长度__________。

(3)平台梁 TL1,位于__________,矩形截面__________,梁顶面纵向受力钢筋__________,梁底面纵向受力钢筋__________,箍筋__________。

班 级		姓 名		学 号		日 期		评 阅	